U0301673

城市型风景区

「景城融合」

规划探索与实践

——以武汉东湖为例

武汉市规划研究院
游畅　刘菁　梁霄　张庆军
钟耀　程逸　傅红昊　著

中国建筑工业出版社

目录

N
图　例
东湖风景名胜区范围
东湖风景区托管区范围

绪论

在中国城市快速发展的时代背景之下，自然生态环境和人工环境的矛盾日益突出，尤其是位于城市中的风景名胜区（以下简称为“城市型风景区”）面临的保护与利用矛盾更大。开展城市型风景区与城市景城融合发展研究对推动此类风景区可持续发展具有重要作用。

一、城市型风景区研究的时代背景

1. 风景名胜区基本概况

我国名山大川众多，壮丽的山河美景吸引古今无数旅游爱好者流连忘返，这些绚丽多姿的自然山水积淀了 5000 年的华夏文明，荟聚人文之胜，成为中国乃至世界的自然与人文瑰宝，也孕育出具有中国特色的自然保护空间 —— 风景名胜区。风景名胜区都具有较高的观赏、文化或者科学价值，自然景观、人文景观比较集中，环境优美，可供人们游览或者进行科学、文化活动。

由于历史的局限性和社会经济条件限制等原因，改革开放之前我国对风景资源的系统保护与利用工作的投入较少，成效也不甚明显。直到1978年，国务院召开第三次城市工作会议明确提出要加强名胜、古迹和风景区的管理，并明确了文物、园林及风景区的保护原则，即保护名胜古迹和风景区原貌。以此为发端，中国风景名胜区事业伴随着改革开放的深入逐步发展[1]。1982年，在全国性的风景资源普查的基础上，公布了第一批44 处国家重点风景名胜区，截至 2022年5月，我国共有国家级风景名胜区244处，面积超过10万km^2。风景区成为兼具游憩健身、景观形象、生态防护、科教启智以及带动社会发展等功能的重要地域。

2. 快速城镇化带来的“城—景”关系冲击

在我国的国家级风景名胜区中，超过约25%[2]属于城市型风景名胜区，这是伴随着中国经济社会的快速发展，城市区域的不断扩张而出现的特殊区位风景区。城市型风景名胜区有别于其他风景区的地理位置特征，使其与城市间彼此相互影响，存在着非常密切的联系。

1 严国泰，宋霖．风景名胜区发展40年再认识[J].中国园林，2019，35(3):31-35.

2 廖波．城市型风景名胜区可持续发展规划策略研究[D].重庆：重庆大学，2012.

因此，它的保护与利用牵涉到城市的经济利益、社会发展、人文建设等各个层面，情况更加复杂多样。

四十年来大规模城镇化建设使得"城 — 景"关系发生结构性改变，出现了互有飞地、犬牙交错的空间结构特征，以旅游业为代表的第三产业既成为此类风景区的重要发展动力，也带来了一系列的社会问题及环境问题。风景区在城市扩张的巨大压力下逐渐丧失其自然的空间结构和生态效益。在此背景下，对于城镇化水平较高并已进入郊区化阶段的大中型城市，协调"城 — 景"关系、实现"景城融合"已成为当今风景区可持续发展的一项重要课题。

3. 生态文明的新时代要求

生态文明是人类文明发展的历史趋势。"生态兴则文明兴，生态衰则文明衰。"建设生态文明，是我国全面建设社会主义现代化国家的重要目标和战略任务，也是实现人与自然和谐共生的全球课题。风景区作为协调人与自然的重要空间载体，既承载着自然资源保护的重要职责，也承担着为人们提供休闲、游憩、文化等场所的公共社会服务功能。

当前，国内很多大城市均处于转型提质发展的关键时期，围绕生态文明建设的新要求，用可持续发展理念合理协调风景区与城市的关系，进一步研究风景区自然资源保护与利用的有效路径，对于风景名胜区的保护和城镇经济的发展都具有重要意义，也是城乡关系统筹、人与自然统筹方式的有效探索与实践。

二、"景城融合"规划研究的目的和意义

1. 规划研究的主要目的

城市与景区协调发展并不是一个崭新的课题，国内外学者在城市型风景区的保护与利用、规划策略、产业发展、生态环境保护等诸多方面取得了丰硕的研究成果。在实践上，广州白云山、杭州西湖、英国格林威治公园、日本琵琶湖等城市型风景区，从景观控制、资源优保、

产业驱动、民生改善等不同的出发点或侧重点，开展了具有代表性的探索。在分析总结学界对城市型风景区的研究成果以及国内外城市型风景区建设利用的实践基础上，发现对于景区与城市的空间关系、生态价值的体现、规划方法的总结系统性梳理和研究尚有不足。

本书以风景区相关研究理论为基础，以城镇化发展为背景，以武汉大东湖地区“城 — 湖”内在关系发展演替为切入点，通过全面研究城市型风景区在自然资源保护、空间体系优化、文旅功能发展、景观风貌彰显、民生服务配套等方面的发展规律，深入研判有关促进“城景互促”“城绿互融”的有效方法和实施路径，为国内滨湖城市城景融合、良性互动提供有益借鉴，并最终形成具有推广意义的“城中型风景区”规划编制和建设体系。

2. 规划研究的重要意义

在当前国土空间规划体系的大背景下研究风景区与城市融合发展，在理论研究和实践应用方面都有重要意义。

理论方面，本书立足“景城融合”视角，从空间结构、社会经济、景观风貌、文化民生等多个角度，全面梳理总结了城市型风景区与城市融合发展的客观规律。对城市和景区的互动共生、城市可持续发展、高品质人居环境示范区打造等领域作了积极探讨，丰富了“山水林田湖草”一体化治理及高品质人居环境规划建设相关理论。

实践方面，本书全面总结了东湖风景区在生态资源保护、景城空间关系、旅游产品引入、景观风貌控制、社会民生保障等方面的规划方法和实施成效，同时通过新理论指导和新技术手段的运用，展望城市型风景区未来的发展趋势。通过“东湖经验”为其他城市型风景区规划编制、实施建设、优化“景城”关系提供参考。

第一章 1

城市型风景区相关概念辨析及发展特征

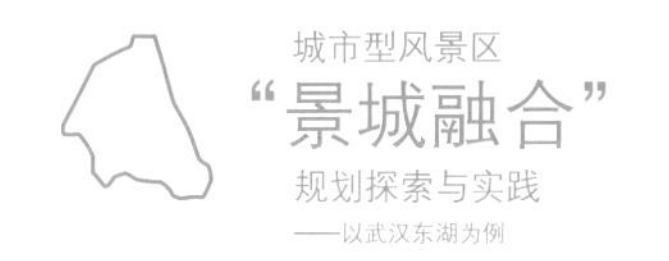

一、城市型风景区相关概念辨析

1. 国家公园

国家公园的历史最早可溯自19世纪60年代，当时美国一群保护自然的先驱，由于约塞米蒂（Yosemite）山谷中的红杉巨木遭到砍伐，而积极促请国会保护该地，终于在1864年由林肯总统签署一项公告，将约塞米蒂区域划为州立公园。1872年，美国国会根据此公告设立美国也是世界最早的国家公园——黄石国家公园（Yellowstone National Park），而约塞米蒂也在1890年改为国家公园。经过100多年的探索和发展，如今已有超过180个国家和地区建立了近3000座国家公园[1]。

世界自然保护联盟(IUCN)和世界保护区委员会(WCPA)给出“National Park”（国家公园）的定义为：国家以保护生态系统为目的而设立和管理的自然、半自然或已开发的土地。国家公园的首要目标是保护大尺度的生态过程，以及相关的物种和生态系统特性。其典型特征是具有较大的面积和功能良好的自然生态系统，在此基础上，形成了独特的、具有国家象征意义和民族自豪感的生物、环境特征，有的还发展出了鲜明的文化特征。作为自然环境保护地，国家公园代表国家形象，兼顾科学研究、科普教育、自然游憩等重要功能，如今被越来越多的国家认同和应用。

国家公园概念在我国应用较晚，2008年才开始进行由政府部门统一管理的国家公园试点。国家公园是我国自然生态系统中最重要、自然景观最独特、自然遗产最精华、生物多样性最富集的部分。其首要功能是保护重要自然生态系统的原真性、完整性，同时兼具科研、教育、游憩等综合功能。我国国家公园管理工作坚持三大理念：一是坚持生态保护第一，二是坚持国家代表性，三是坚持全民公益性。

2022年6月，国家林业和草原局发布《国家公园管理暂行办法》（以下简称《办法》），指出国家公园建设遵循的是人与自然和谐共生，实现全民共享、世代传承的理念。《办法》规定，国家公园根据功能定位进行合理分区，划为核心保护区和一般控制区，实行分区管控。其中，核心保护区原则上禁止人为活动；一般控制区禁止开发性、生产性建设活动，但国家公园管理机构在确保生态功能不造成破坏的情况下，可以按照有关法律法规政策，开展或者允许开展自然资源、生态环境监测和执法；不破坏生态功能的生态旅游和相关的必要公共设施建设；重要生态修复工程等有限人为活动。

① 戴申卫.约塞米蒂国家公园[J].地理教学,2017(2):2,65.

2. 城市公园

城市公园的发展拥有久远的历史，最早源于西方社会，古希腊体育场周边开放的景色优美的园地，以及古罗马时期城市墓园及广场被开辟为公众休息和活动的场所，就已经具备了现代城市公园的基本特点。17世纪开始，城市中一部分公共园林成为后来城市公园的雏形，并演变成为如今被称为“城市公园”的园林形式[1]。

19世纪中下叶到20世纪前期，建设城市公园成为一种在欧美世界兴盛的热潮，国内最早以各公共租界内的公园形式存在，主要以服务外国人为主。1906年无锡“锡金公花园”是我国最早开始免费对国人开放的近代公园。1949年新中国成立标志着现代城市公园建设事业的起航，经历恢复起步期、第一个五年计划期间、起伏发展期、徘徊停滞期、蓬勃发展期及稳定增长及跨越上升期，如今我国的城市公园逐渐成为公众了解身处家园、感知城市绿色文化空间的主要领域。

学术界对城市公园没有统一的定义，然而通过分析《中国百科全书》《城市绿地分类标准》和国内外学者的研究，可以看出城市公园包括以下几个方面含义：首先，城市公园是城市公共绿地的一种类型；其次，城市公园的主要服务对象是城市居民，但随着城市旅游的发展和城市旅游目的地的形成，城市公园将不再仅仅服务于市民，也服务于游客；第三，城市公园的主要功能是休闲、游憩和娱乐。随着城市自身的发展以及市民和游客的外部需求，城市公园将增加更多的休闲、游憩、娱乐等主题产品。

3. 自然保护地

建立保护地（Protected Area，有时也译为保护区）是世界各国保护自然的通行做法，世界自然保护联盟（IUCN）对保护地有明确的定义：保护地是一个明确界定的地理空间，通过法律或其他有效方式获得认可、得到承诺和进行管理，以实现对自然及其所拥有的生态系统服务和文化价值的长期保护。由于保护地主要指受到保护的自然区域，根据其内涵，一般称其为自然保护地，以便和人工的保护区域相

[1] 托亚，闫晓云，谢鹏．西方城市公园的发展历程及设计风格演变的研究[J]．内蒙古农业大学学报（自然科学版），2009,30(2):304-308.

区别。自约塞米蒂山谷设立州立公园成为世界上第一个现代意义的自然保护地后，全球相继建立了各种自然保护地。根据IUCN世界自然保护地数据库的统计，全球已经设立了包括自然保护区、国家公园在内的22万多个自然保护地，其中陆地类型的就超过20万个，覆盖了全球陆地面积的12%[1]。

党的十八大以来，我国加快生态文明体制改革，加大生态系统保护力度，改革生态环境监管体制，大力推进美丽中国建设。党的十九大报告指出：“构建国土空间开发保护制度，完善主体功能区配套政策，建立以国家公园为主体的自然保护地体系。”

在习近平生态文明思想的指导下，按照自然生态系统原真性、整体性、系统性及其内在规律，依据管理目标与效能并借鉴国际经验，我国将自然保护地按生态价值和保护强度高低依次分为3类，即国家公园、自然保护区、自然公园。

中国特色的国家公园是保护等级最高的一类自然保护地，强调坚持“山水林田湖草是一个生命共同体”的理念，对国家公园内的生态系统进行整体性、系统性保护，最终实现人与自然的和谐共生。

自然保护区是指保护典型的自然生态系统、珍稀濒危野生动植物种的天然集中分布区、有特殊意义的自然遗迹的区域。具有较大面积，确保主要保护对象安全，维持和恢复珍稀濒危野生动植物种群数量及赖以生存的栖息环境。

自然公园是指保护重要的自然生态系统、自然遗迹和自然景观，具有生态、观赏、文化和科学价值，可持续利用的区域，确保森林、海洋、湿地、水域、冰川、草原、生物等珍贵自然资源，以及所承载的景观、地质地貌和文化多样性得到有效保护。各类风景名胜区、森林公园、地质公园、海洋公园、湿地公园、草原公园、沙漠公园、冰川公园、草原风景区、水产种质资源保护区、野生植物原生境保护区（点）、自然保护小区、野生动物重要栖息地等都是自然公园。

据统计，截至2018年，我国各类自然保护地总数1.18万处，其中国家级3766处。各类陆域自然保护地总面积约占陆地国土面积的18%以上，已超过世界平均水平。其中，自然保护区面积约占陆地国土面积的14.8%，占所有自然保护地总面积的80%以上；风景名胜区和森林公园约占3.8%；其他类型的自然保护地面积所占比例则相对较小[2]。

2019年11月自然资源部发布《关于在国土空间规划中统筹划定落实三条控制线的

① 国家林业和草原局.自然保护地体系的重构与变革[EB/OL]. http://www.forestry.gov.cn/main/3957/content-1042853.html.

② 高吉喜，等.中国自然保护地70年发展历程与成效[J].中国环境管理,2019,11(4):25-29.

指导意见》提到“将自然保护地进行调整优化，评估调整后的自然保护地应划入生态红线：自然保护地发生调整的，生态保护红线相应调整”。

4. 风景名胜区

我国国家级风景名胜区（National Park of China）与国外的国家公园（National Park）相对应。“风景名胜区”的概念最早由国务院于1978年正式提出，1982年正式建立了风景名胜区制度，同年，国务院审定公布包括武汉东湖、北京八达岭—十三陵、桂林漓江、杭州西湖、山东泰山在内的第一批44处国家重点风景名胜区。

2006年9月19日国务院颁布《风景名胜区条例》（国务院〔2006〕第474号，以下简称《条例》），《条例》中对风景名胜区进行了明确的定义：风景名胜区是指具有观赏、文化或者科学价值，自然景观、人文景观比较集中，环境优美，可供人们游览或者进行科学、文化活动的区域。《条例》的实施，加速了依法管理进程，推动了我国风景名胜区事业步入稳定可持续的发展正轨。

截至2022年5月，国务院共公布了9批、244处国家级风景名胜区[1]，面积超过10万km²，相当于一个浙江省的面积。其中，第一批至第六批原称国家重点风景名胜区，《风景名胜区条例》实施后，2007年起改称中国国家级风景名胜区（表1–1）。

(1) 朱江，邓武功，于涵，张丹妮.风景名胜区时空关系演变分析[J].中国园林,2021,37(3):118-123.

各省国家级风景名胜区数量统计（截至2022年5月，根据公开数据统计） 表1–1

地区	省份	数量	省份	数量	省份	数量	省份	数量	省份	数量	省份	数量	省份	数量
华东地区	山东	6	江苏	5	浙江	22	安徽	12	福建	19	江西	18	上海	0
华南地区	广东	8	广西	3	海南	1								
华中地区	河南	10	湖北	7.5	湖南	21								
华北地区	北京	2	天津	1	河北	10	山西	5.5	内蒙古	2				
西北地区	陕西	5.5	甘肃	4	青海	1	宁夏	2	新疆	6				
西南地区	重庆	6.5	四川	15	贵州	18	云南	12	西藏	4				
东北地区	辽宁	9	吉林	4	黑龙江	4								

注：黄河壶口瀑布风景名胜区位于山西和陕西，长江三峡风景名胜区位于湖北和重庆，故各计0.5。

除国家级风景名胜区外，具有区域代表性的，可以申请设立省级风景名胜区和市（县）级风景区。省级风景名胜区，由省、自治区、直辖市人民政府审定公布，并报住房和城乡建设部备案；市（县）级风景区，由市、县人民政府审定公布，并报省级建设主管部门备案。

风景名胜区集中了大量珍贵的自然和文化遗产，是自然史和文化史的天然博物馆，是我国现有保护地体系中唯一一个将自然景观和文化景观融合保护作为首要保护目标的保护地类型，其体现了中国历史上人与自然的和谐关系，不仅是对中华民族文化传承的重要贡献，也是对全球文明传承的重要贡献。从使用和利用的角度，风景名胜区集中展示或代表地方自然景观和文化资源，是融环境保护、旅游休憩、科研教育等功能于一体的综合区域，这些功能并不相互排斥、相互独立，恰恰相反，上述功能在实际的生产生活中往往有机地联系起来，有些甚至是深度地融合起来。

2008年8月11日，住房和城乡建设部颁布了《风景名胜区分类标准》CJJ/T 121—2008，将风景名胜区分为历史圣地类（SHA1）、山岳类（SHA2）、岩洞类（SHA3）等14类（表1-2）。

《风景名胜区分类标准》中的景区类别　　表1-2

类别代码	类别名称	类别特征	典型景区
SHA1	历史圣地类	指中华文明始祖遗存集中或重要活动，以及与中华文明形成和发展关系密切的风景名胜区。不包括一般的名人或宗教胜迹	
SHA2	山岳类	以山岳地貌为主要特征的风景名胜区。此类风景名胜区具有较高生态价值和观赏价值。包括一般的人文胜迹	泰山、黄山
SHA3	岩洞类	以岩石洞穴为主要特征的风景名胜区。包括溶蚀、侵蚀、塌陷等成因形成的岩石洞穴	
SHA4	江河类	以天然及人工河流为主要特征的风景名胜区。包括季节性河流、峡谷和运河	长江三峡、黄河壶口瀑布
SHA5	湖泊类	以宽阔水面为主要特征的风景名胜区。包括天然或人工形成的水体	江苏太湖、五大连池
SHA6	海滨海岛类	以海滨地貌为主要特征的风景名胜区。包括海滨基岩、岬角、沙滩、滩涂、潟湖和海岛岩礁等	三亚热带海滨、大连海滨旅顺口
SHA7	特殊地貌类	以典型、特殊地貌为主要特征的风景名胜区。包括火山熔岩、热田汽泉、沙漠碛滩、蚀余景观、地质珍迹、草原、戈壁等	
SHA8	城市风景类	指位于城市边缘，兼有城市公园绿地日常休闲、娱乐功能的风景名胜区。其部分区域可能属于城市建设用地	

续表

类别代码	类别名称	类别特征	典型景区
SHA9	生物景观类	以特色生物景观为主要特征的风景名胜区	
SHA10	壁画石窟类	以古代石窟造像、壁画、岩画为主要特征的风景名胜区	麦积山石窟、须弥山石窟
SHA11	纪念地类	以名人故居，军事遗址、遗迹为主要特征的风景名胜区。包括其历史特征、设施遗存和环境	
SHA12	陵寝类	以帝王、名人陵寝为主要内容的风景名胜区。包括陵区的地上、地下文物和文化遗存，以及陵区的环境	黄帝陵、西夏王陵
SHA13	民俗风情类	以特色传统民居、民俗风情和特色物产为主要特征的风景名胜区	
SHA14	其他类	未包括在上述类别中的风景名胜区	

5. 城市型风景名胜区

城市型风景名胜区作为一种特定的风景区类型，是城市中一个特定的空间地段，具有特殊意义。《中国大百科全书：建筑、园林、城市规划》[1]中对其定义为：城市风景名胜区一般是指同城市毗连，或接近市区并和市区有便捷的交通联系，可供游览观赏的地区。城市风景名胜区通常兼有自然风光和人文景观，风景名胜资源集中，环境优美，具有一定规模和范围，经市县级以上人民政府审定命名，依法划出一定的范围予以统一管理。《风景名胜区分类标准》CJJ/T 121—2008首次将城市风景类纳入风景名胜区的分类（SHA8），显示出城市型风景名胜区是从风景名胜区的概念中剥离出的新类别。

城市型风景名胜区与其所在的城镇建设区在空间上往往没有明确的边界，与城市市政基础设施、公共服务设施、居住区等的界线往往较为模糊。在功能上，城市型风景名胜区也大多承担了一部分城市公园的职能，既是城市公园，又是游览目的地，以满足市民和游客游憩休闲的需要。比较典型的如杭州西湖、武汉东湖风景区等。作为一种特殊的城市空间，对城市型风景名胜区进行科学地保护、开发、利用，对优化城市景观、彰显城市特色、增进居民身心健康、促进城市旅游事业发展都能起到举足轻重的作用。

① 《中国大百科全书：建筑、园林、城市规划》是《中国大百科全书》中的一册，由中国大百科全书出版社于1988年出版，是我国第一部大型综合性百科全书。

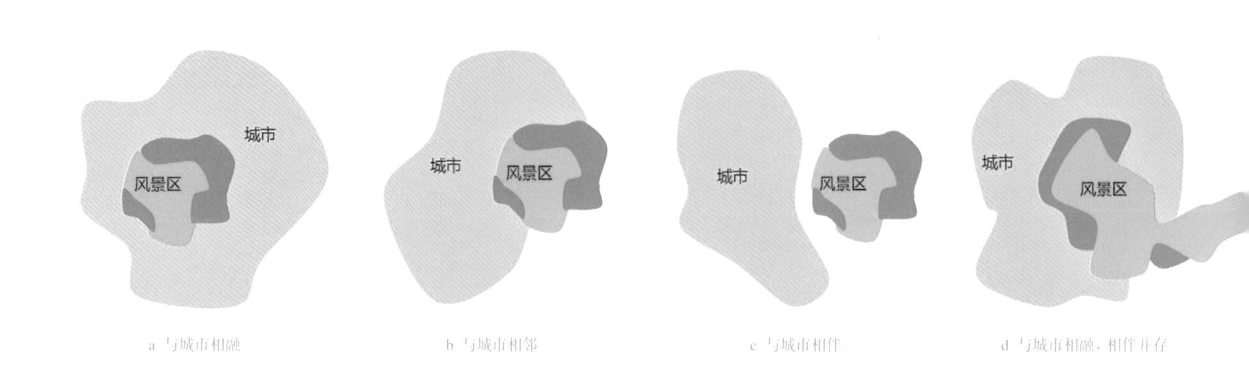

a 与城市相融　b 与城市相邻　c 与城市相伴　d 与城市相融、相伴并存

图 1-1　城市与风景区关系示意图

二、城市型风景区的特征与城市互动关系

1. 空间分布特征

城市型风景区的最主要特征就是与城市的关系，因此对城市型风景区的分类，除了按照风景名胜区等级、规模、设施类型、景观特征等分类以外，更重要的是依据风景区与城市的位置关系进行区分，国内学界一般将城市型风景区分为以下四类[1]（图 1-1）。

（1）与城市相融型：此类风景区在空间上与城市的关系最为紧密，表现在地域上同城市呈现交叉关系，三面与城市相邻甚至被城市包围，此类城市型风景名胜区有的是城市公园绿地，有的可能成为城市公园。

（2）与城市相邻型：此类风景区通常同城市呈现一边或两边接壤相邻的特征，功能上只有部分融合，但其自身相对独立。

（3）与城市相伴型：此类风景区在地域上同城市有一定的距离但不长，与城市之间有缓冲地段存在，但交通的可达性较好，交通时间较短，基本上处于独立状态，城市对其影响并不是非常明显。

（4）与城市相融、相伴并存型：此类风景区较为特殊，通常由两部分以上组成，有部分与城市相融，位于城市的包围之中，有部分则与城市保持着一定距离。

① 贾建中，邓武功．城市风景区研究（一）——发展历程与特点 [J]．中国园林，2007(12):9-14.

2. 与城市互动的关系

（1）资源性强，是城市的起源和依托

山水资源是古代城市选址时需要考虑的重要因素之一。中国传统的山水文化中，山水被看作天人合一的美妙组合，以山水资源为主的自然景区是城市起源发展过程中重要的资源获取地。随着城市的发展，山水资源可以形成自然屏障，起到很好的防御作用。丰富的水资源是城市用水和农业用水的主要来源，山地则蕴藏着矿产和森林资源，这些资源的存在促进了城市的发展和繁荣。此外，山水资源也为城市提供了美丽的自然景观和文化底蕴，增强了城市的吸引力和竞争力。

（2）位置邻近城市，成为城市功能的组成部分[1]

城市型风景区通常与城市的距离较近，有的是城市的一部分，经常会有城市道路经过或穿过，与城市之间有公交线路、旅游专线连通，与其他类型的风景区相比，交通条件非常优越。因此，城市型风景区逐渐成为居民休闲活动的场所，许多开放式风景区由于对市民完全或部分开放（如武汉东湖、杭州西湖），已越来越多地扮演着城市公园绿地的职能，是当地市民短期出游（如一日游、周末游）的首选之地。有的城市型风景区又因为是著名的国家级风景名胜区，成为外地游客热衷的旅游景区，所以还担负着城市旅游接待的职责。

（3）构建城市生态框架，维护区域生态安全格局

城市型风景区是一种特殊的绿地，但在最新的城市用地分类中，将其划分为公园绿地或非建设用地，应该属于公园绿地的范畴。城市型风景区作为城市绿地的重要节点，具有生态调节作用。与城市其他公园绿地、道路防护绿地、街头绿地形成点、线、面网络绿地系统，共同维护城市生态安全格局。城市自然环境是基质，风景区、公园绿地是斑块，道路绿地为廊道。

从区域的角度来看，虽然城市建设用地只是一部分，但随着城市的发

[1] 宋超俊. 城市型风景名胜区保护与利用规划研究[D]. 北京：北京建筑大学，2015.

展，相邻城市会趋向于连成一片。如果任其自由发展，会造成大规模的生态环境破坏。因此，保持城市与城市之间广泛的自然生态环境，有利于保护自然生物物种的多样性，维护整体生态系统的平衡。按照生态学理论，一切自然生态环境都是整个网络中的“基质”。城市和城市景点可以被视为两种不同大小的“斑块”。“斑块”通过“绿廊”连接，环境“基质”可以抑制城市“斑块”的无序蔓延。这是城市区域的基本生态格局。

（4）传承城市文脉，塑造城市个性

城市型风景区大多数以自然风光为体，以历史人文为质。所在城市较大比例都是国家历史文化名城（如武汉、苏州、哈尔滨等），还有部分是省级历史文化名城（如惠州等）。这种城市与风景区的奇特关系，反映了城市型风景区与其所属的城市在历史发展过程中，在历史文化上有密切的互动和影响。有一些城市型风景区自然风光的存在往往比城市的建城时间还要久远，在城市建设成为城邑的时候或稍晚时期，城市型风景区便开始成型，与城市开始有了互动发展的关系，两者文化相互影响。

许多城市在发展的过程中，城市历史传承中的很多重要史迹和历史事件都存在于或者发生在城市型风景区内，风景区的发展沿革从一个侧面反映了城市的发展，留下了城市某一方面的缩影。如杭州历史上许多的事件、人物都与西湖有关，加之苏轼、白居易等历史文化名人的事迹、作品，让杭州、西湖共同承载了这座城市的历史文化。

随着旅游业的稳步发展，旅游人口不断增长，景区的游客量和知名度不断提高，作为旅游服务基地，其所在的城市也在对游客进行各种形式的宣传，传达后使其广为熟知。武汉和东湖风景名胜区就是很好的例子。武汉被誉为“百湖之市”，其中尤以东湖为代表，面积33km^{2}的湖泊已完全处于武汉的建成区之中，体现了其与城市的共生关系。东湖以独特的自然和人文特色，吸引了数以万计的游客，在不断的发展演变中，景区的旅游品质不断提升，城市的美誉度和形象也不断提高，现在的武汉离不开东湖的风景资源，东湖离不开武汉的城市依托，两者成为一个相互依存的整体。

3. 我国城市型风景名胜区面临的问题

在当前我国城镇化、工业化快速发展的时期，城市型风景区也在城市的影响下存在着许多问题，不仅影响着风景区自身的环境与生态价值，也对城市价值产生负面影响。

一是风景区的生态环境受到各类生产生活的威胁和破坏。城市型风景区与城市空间上的邻近，难以避免由于城市活动对其产生影响，破坏其人文与自然景观环境。例如，有的城市型风景区周边会有居民点、开发建设项目（如工厂），其产生的污水、垃圾、废渣等对风景区生态产生威胁，造成风景区内水质下降，生态环境遭到破坏。

二是节假日游客超出景区正常的承载容量。城市型风景区作为城市旅游的重要载体，会吸引相当多的本地市民和外地游客慕名而来。每逢节假日，游客量超出景区正常承载量的情况时有发生。当游客量超出风景区正常承载容量时，会对环境、社会和经济方面都有不同程度的影响。首先，环境方面，游客量过多会破坏景区内的植被和生态系统，带来噪声、污染等问题；其次，社会方面，游客量超载可能会引发安全问题，景区内交通拥堵、人流混乱，容易发生踩踏等安全事故；最后，经济方面，游客量超载可能会给景区带来短期收益，但长期来看可能会影响景区的可持续发展。超载的游客量会使得景区服务水平下降，游客体验差，进而影响到游客的口碑和回头率。

三是人工要素的介入造成景区自然山水格局遭到破坏。风景区内部，由于人口增加或旅游开发，风景区随之人为地增加建筑、构筑物、小品等景观，较多的人工要素的介入使风景区原有浑然天成的景观风貌受到破坏，造成整体风貌的不和谐，品质降低，出现景观异质化现象。同时，大量新增不协调的建筑（构筑物）改变了风景区植被的群落关系，破坏景观连续性，阻挡了景观视廊，对原有自然山水景观格局造成破坏。

三、小结

城市型风景区作为伴随城市的一种独特的风景区，有着独特的自然生态、人文历史资源和价值，相对于城市的其他功能或场所，具有不可取代性，也是不可再生的宝贵财富。

城市型风景区以其优美的环境、便捷的交通，成为游客旅游和市民休闲的首选地；又因其邻近城市、开发价值高，随着城镇化进程进一步加快，城市不断扩张，人口持续增长，对城市型风景区也造成了一定的威胁和破坏，城市型风景区的保护与利用所面临的问题更加错综复杂。如何协调好城市型风景区的合理利用与城市的关系，是在理论和实践中迫切需要探索的课题。

第二章 城市型风景区相关理论及案例综述

2

一、相关理论研究

目前，国内外风景名胜区理论研究较为成熟，在功能和用地、旅游空间及产业、景观生态、生态资源、社会保障、可持续发展等方面已形成一系列成熟理论，为风景名胜区的规划提供基础理论支持。

功能和用地方面，有机疏散理论可指导风景区功能的疏解与置换，城市RBD空间结构理论基于游憩功能为风景区提供高质量的接待服务，分形学理论指导景区从无序状态进入有序开发，核心边缘理论帮助决策者根据景区内旅游资源品级和功能定位来确定发展核心。

旅游空间及产业方面，旅游目的地系统理论有助于构建以景点和景区为依托、以服务基地为核心，结构相对完整的旅游空间发展单元；产业体验空间理论提倡整合区域内生态景观、经济景观和社会景观，将活动体验和地域特色融入空间营造中，以探索产业融合的多元价值；旅游地生命周期理论探讨风景区生命周期模式及其影响因素，进而对景区发展提出正向策略。

景观生态方面，景观生态学理论认为景观生态安全格局应和旅游开发并重，人为建设的斑块和自然生态的斑块、廊道、基质应相互和谐，达到自然资源与人工要素的协调；生态整体性和景观异质性原理要求风景区在旅游开发时，必须考虑自然、人文以及社会经济和生态的可行性，充分考虑景观美学价值的同时，从景观结构优化、功能完善和生态旅游产品推出的目标出发，因地制宜，构成独具特色的空间异质性景观格局。

生态资源方面，旅游环境承载力理论提出把旅游活动限定在旅游环境承载力范围内；资源依赖理论则可以更好地分析景中村如何摆脱景区及城市对资源利用的限制，为自身寻求可持续的发展空间。

社会关系方面，利益相关者理论帮助风景区协调政府、居民、开发商等利益相关者的关系，平衡和维持具有共同战略取向性的利益相关者以实现协作；合作治理理论通过政府与市场主体、社会力量的相互嵌入合作，让公众适当地、平等地参与决策和建设，使不同利益关系间的冲突与交集共同推动风景区发展。

可持续发展方面，可持续发展思想指导风景区综合考量资源的保护与利用，使其自身健康发展的同时，与城市在环境保护、土地利用、道路交通、居民社会及经济发展等诸多方面实现有机协调和良性互动；协同学理论聚焦风景区与城市的融合，从多个立场多维、多元地看待风景区与城市建设的协同发展；PRED协调认为，发展必须是在资源和环境有效最大容量前提下的发展，环境和谐（Environment Perfection）、经济高效(Economic Effectiveness)、社会公平(Equality)成为区域协调发展的3E准则。

随着城市空间的发展，城市与风景区从独立走向相融共生，景城融合方面的理论研究逐渐成为学术界关注的方向。公园城市作为全面体现新发展理念的城市发展高级形态，通过提供优质的生态产品，营造品质化的城市环境，将公园与城市空间有机融合。公园城市背景下，城市型风景区的建设应从经济导向走向以人为本、生态文明的新模式，景区周围景城融合区的建设必须符合景区的环境、生态、美学、文化、经济与形态等要求，将景区形态和城市空间有机融合。生产、生活、生态空间相宜，自然、经济、社会、人文相融的复合系统，是新时代可持续发展理念下城市型风景区建设的新模式。合理运用公园城市理念指导城市型风景区的建设，促进城市和景区的良性发展成为当下城市型风景区理论研究的重要内容。景城一体化理论强调景区与城市的有机融合，是指城市与其周边一定范围内的各类景区，围绕旅游产业发展，建设满足居民和游客需求的景城融合空间结合体，发挥城市基础设施、文化、经济功能，形成功能完善的区域旅游系统，最终将景区与城区有机结合为一体，实现城市和景区的双赢发展。

二、相关案例借鉴

1. 综合借鉴型

（1）杭州西湖风景名胜区

自古以来，西湖傍杭州而盛，杭州因西湖而名。杭州西湖风景名胜区位于杭州市中心，是国务院首批公布的国家重点风景名胜区之一，国家AAAAA级旅游景区，面积约60 km^2，其中湖面6.5km^2，分为滨湖区、湖心区、南山区、北山区、钱塘区。

◎ 空间格局

“三面云山一面城”是对杭州西湖风景区总体山水格局的高度概括。在水域结构方面，形成了“五湖、三岛、三堤、一山”的空间意象。由于西湖水源为典型的山脉水溪汇水，遇平坦低洼处积累成塘，最后汇流成宽广湖面，其水源主要来自金沙溪水系、龙泓涧水系、赤山溪水系、长桥溪水系，同时分布有金沙港、茅家埠、乌龟潭等水塘，从而向下汇聚成水波粼粼的西湖，通过苏堤、白堤等堤坝将水域隔成大小、形状不一的五个湖面，湖景各不相同，呈现湖中有湖的格局（图2–1）。

在山体结构方面，形成了“乱峰围绕水平铺”的山体意境。西湖三面

图 2-1　西湖鸟瞰

环山，西面与南面依据不同山势可分为高丘陵山脉、低丘陵山脉，其中外侧的北高峰、龙门山、天竺山及五云山等属于高丘陵山脉，而内侧的玉泉山、飞来峰、南高峰、玉皇山、凤凰山等属于低丘陵山脉，此外北面还有宝石山、宝云山、孤山等伫立于此[①]，由此构成了群山峰峦挺拔、层次错落、透逸连绵的外围山体。而杭州西湖通过千年来历轮的治理，以及新中国成立之后的多轮规划均延续了这一总体格局，沿湖的城市发展与景观营造都强调顺应地形地势，保护山脉余脉，从而使得湖山为依，相映生辉，确保了其千年来的山水格局亘古不变。

① 张亚琼．西湖变迁对现代风景园林建设的启示[D]．长沙：湖南农业大学，2017.

◎ 湖城融合

杭州西湖景区与城市空间的融合不是一蹴而就的，而是在历史演变的过程中相互作用的结果。唐中期至五代，西湖是杭州城区重要水源及城郊风景游览地，到近代以来又经历了三次主要的“公园化”改造，才更加深入地融入杭州的城市空间中（图2-2），使得“山 — 城 — 湖”相融，自然与人文景观辉映，经总结经验如下：

一是从郊野风景地转变为城市公共园林。隋朝前，杭州城位于钱塘江北侧，京杭运河南侧，呈现集中的点状形态，城市规模较小，西湖还只是杭州城外的荒芜之地。到了唐代，杭州城已成为南方的政治文化中心，西湖成了风景优美的郊野之所，白居易在《钱塘湖春行》中写道“最爱湖东行不足，绿杨阴里白沙堤。”五代时期，吴越国王钱镠以杭州为吴越国都，开始三次扩城，西湖成为城市空间的边界，周边大兴寺院佛塔，开始了城湖融合的初期建设，功能从自然湖泊向城郊风景地蜕变。到了南宋，西湖成为杭州城的公共园林，形成了苏堤春晓、曲院风荷等西湖十景，风景游赏上升为主要功能，城湖空间进一步融合。此后西湖就一直作为杭州的城市公共园林而存在，清代康熙五次到杭州，乾隆六次到杭州，客观上也促进了西湖园林的繁荣。

二是“西湖入城”计划，借助博览会开启近代公园建设。近代随着杭州城的不断扩张，西湖逐步由传统公共园林转向近代城中型公园，辛亥革命后制定了杭州城的新都市计划，写道“拆旧建新，不仅使西湖与杭州重新合而为一，也让湖滨地段后来成为杭州的繁华闹市”，即“西湖入城”计划。通过学习欧美城市滨水公园做法，将湖滨公园加入公众运动场、民众教育馆、民众图书馆等公共建筑[1]，该计划是中国开始谋划建设近代城市公园的典型案例之一。1929年浙江省政府为在西湖举办了博览会，又新建了一批包括游泳池、电影场、纪念塔等新式游赏设施，进一步推动西湖与城市功能的融合，体现了近代新式公园的建设思想。

三是受外来文化与多民族文化影响，向“环湖大花园”转变。1950年杭州市政府颁布了《西湖风景区管理暂行条例》，明确了对西湖的管理属性，并受外来文化影响，对西湖进行第二次“公园化改造”工作。1952年西湖风景区五年规划设想提出，开展了湖域疏浚、风景调查、古迹修缮、植树造林等工作，对数十个传统名胜点进行改造。随着结合了英国自然风景园和中国传统山水园特点的花港观鱼园以及富有科学内涵、园林外貌的杭州植物园相继建成，经历了这场“公园化”改造运动的西湖，逐步成为杭州城中的一个“环湖大花园”。[2]

① 胡刚．城市风景湖泊空间形态研究 [D]. 南京：南京林业大学，2006.

② 陈思婕．杭州西湖山水景观空间理景手法研究 [D]. 杭州：浙江大学，2021.

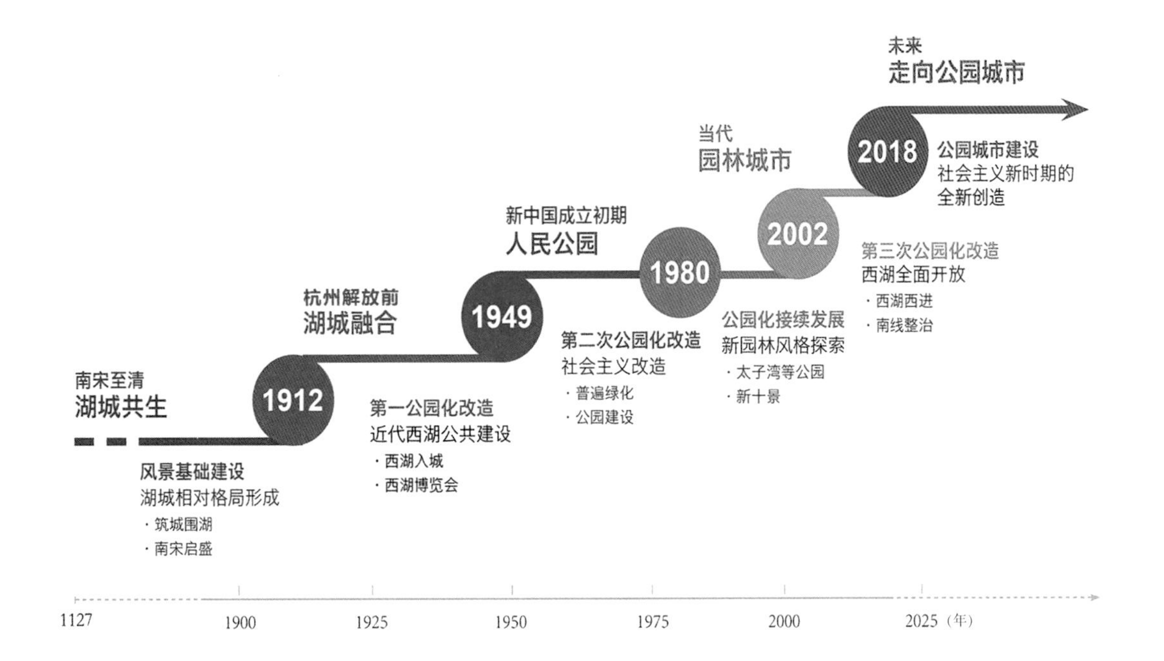

图 2-2　杭州西湖城景融合阶段及做法

资料来源：王欣，何嘉丽. 杭州西湖“公园化”历史及文化变迁研究[J]. 中国名城，2020（3）.

四是借助申遗工程、“还湖于民”行动，迈向公园城市。1999年杭州市启动了西湖申遗工程，开展“整合西湖南线景区，还湖于民”行动，启动“西湖西进”等景区建设工程，涵盖道路交通整治、水环境整治、景观营造、管理机制改革等多个方面，旨在实现公园城市的伟大构想。

◎ 场景营造

杭州西湖自古就是历史上有名的风景名胜区，其景点景源的建设也是历经多个时期的不断完善才逐渐成为今日城中湖景区景观建设的典范。西湖山水景观空间的理景手法归纳下来主要有以下四点。

一是建筑营造，点景湖上。早在唐代时期，佛教兴盛，推动了西湖周边地区的寺庙建设，五代十国时期西湖内外广营寺庙佛塔，兴建了六和塔、保俶塔、雷峰塔等建筑（图2-3），湖上的标志性建筑由此诞生，其中保俶塔与雷峰塔位于西湖南北，呈现双塔对峙之景。北宋时期，苏东坡任杭州知府时，又在湖中立三座石塔，成为日后西湖重要的地标建筑。

二是筑堤为岛，成景湖上。唐代白居易疏浚西湖，于今孤山一带筑堤，史称“白堤”（图2-4），北宋苏东坡又浚西湖、筑“苏堤”，元代郡守杨孟瑛造三潭印月、湖心亭两岛，清代阮元堆起阮公墩（西湖第三岛），经过历史上一系列筑堤堆岛活动，最终形成了如今湖上的“两堤三岛”格局。“两堤”将西湖划分为外湖、西里湖、北里湖、岳湖、小南湖等大大小小的湖面，极大地丰富了湖上的景观层次与游人观景体验，“三岛”则是以点状要素对空旷的湖面进行调整，反映了中国古典园林“一池三山”的造景模式，如今“西湖十景”中有三处则是与堤岛相关，即“苏堤春晓”“断桥残雪”“三潭印月”，成为西湖最知名的景点。

三是植物栽植，丰富空间。西湖在植物配置上也颇为讲究，调节着整体山水景观空间。据悉在西湖湖面共有14块荷花种植区域（图2-5），曲院风荷、北线北山街、东线亭湾骑射均是西湖赏荷的重要场所，它们一般作为近观的前景，湖水及湖上建筑则为中景，山脉则为远景，这些挺水植物填补了开阔水域

2-3

2-4

2-5

空间，丰富了整体的景观空间层次，起到调节空间虚实的作用。此外植物还强化了堤岛对水域空间的“障隔”作用，遮挡一览无遗的视线，增加了西湖山水景观的景深，利用植物种植的疏密或是树冠的枝杈，断续开辟透景线，留下空隙，来保证空间的相互渗透，如白堤的垂柳、苏堤的乔木等，均对水域空间的开敞度起到了调节功能。

四是游线串联，步移景异。环湖游线贯穿湖西山区以及湖东、湖北城市地带，将山、湖、城三者有机地组织联系起来，呈一个闭合的整体，整条游线呈现出步移景异的效果（图2-6）。若以北线曲院风荷至北山路一带游线为起点，经西线 — 南线 — 东线 — 东北线 — 回归北线作为西湖环湖景观序列整体来看，由山水相夹的北线空间进入湖西群山山麓的西线空间，封闭度大大增加，呈“抑”的特点，进而转入山景与水景不断转换的南线，逐渐脱离山区，过渡至由于树木遮挡而空间半开放的东线。东线是东北线完全开敞的前奏，行至山水空间完全开敞的东北线湖滨，达到了景观序列的高潮，而后又向北线山水相夹的空间过渡，渐渐收束，整个景观序列呈现出“起 — 抑 — 转 — 前奏 — 高潮 — 渐收”的变化特点[1]。

图 2-3　西湖远眺雷峰塔
图片来源：张重远 摄
图 2-4　西湖白堤与断桥
图 2-5　西湖内的荷塘景观
图 2-6　西湖孤山路胜景

2-6

1 陈思婕. 杭州西湖山水景观空间理景手法研究[D]. 杭州：浙江大学，2021.

（2）南京玄武湖景区

南京玄武湖景区隶属于南京钟山风景名胜区[1]，国家AAAA级旅游景区，位于南京玄武区，东枕紫金山、西靠明城墙、北邻南京站、南倚覆舟山，是具有中国皇家园林风范的城中型湖泊，被誉为“金陵明珠”。玄武湖以湖心洲岛与大面积湖面作为其自然景观特色，以六朝文化、明文化、宗教文化作为其深厚内涵，兼具自然观光、考古研究、休闲娱乐、文化体验等功能，景区内包括玄武湖五洲、玄武湖东岸、明城墙（玄武湖段）、九华山—北极阁四个游览区，面积约5.13km^2，其中湖面面积3.78 km^2。

◎ **空间格局**

玄武湖作为南京山水格局的重要组成部分，平面形状类似一个以东北为底边的等腰三角形，湖中有五个大岛，将水面划分成三大片，形成“三湖、五岛、六堤”的水域空间格局。此外玄武湖东依紫金山，东南有钟山山脉，南侧排列着富贵山、九华山、鸡笼山等较小山体，北面有小红山,远眺可见幕府山，紧邻湖西面、南面依势而筑的明城墙，由此形成了玄武湖“山—水—墙—城”的总体空间意象，山与水层次分明,水面宽广明远，具有中国古典皇家园林气质。

◎ **城湖融合**

作为十朝古都的南京与玄武湖一直有着极为密切的联系。从六朝、南唐、明朝直至新中国成立前，玄武湖始终是南京城市空间拓展的主导因子之一，与秦淮河构成的轴线是南京城主要的城市中轴。它从城市边界到皇家园林，到近代城市公园，再到如今南京的城市名片，城湖关系一直不断深入融合，景区功能也不断延展。

一是作为皇家园林与城市防御之所。早期的玄武湖外连长江，东晋初年被用来训练水军，作为军事防御的战地之一。南朝宋文帝在疏浚的基础上堆筑了“三山神岛”，还在湖北岸开辟上林苑，开启了皇家园林建设。到了明代，南京虎踞龙盘的地形给建都带来了巨大优势，明朝依山就势布局建设了南京城，玄武湖成为东城墙北段和北城墙东段的天然护城河，皇城设在湖南侧，并将其作为中央政府黄册的存放地，成为皇家禁地。可见玄武湖一直作为城市的边界而存在，对城市的形态具有限定的作用，同时也是历代皇家园林的所在地，借助大片水域承担着城市军事防御和皇家游览等功能，城湖融合尚处在初级阶段。

二是田园城市思想下的近代山水公园。随着近代西方田园城市理论的传入，1928年南京提出《首都计划》，将山水风景全面纳入市政计划中，依托原有的山水名胜条件，

① 南京钟山风景名胜区包括玄武湖景区、山北景区、山岳景区、陵园景区、山南景区五大景区，总面积约34.91km^2。

兴建五大公园与五大名胜，玄武湖公园成为南京重要的文化公园，实现了从中国传统园林到近代公共园林的转变，观光游赏成为其主要功能，但这一时期南京的建成区仍未突破明城墙的范围，玄武湖仍是城外的风景游览地。

三是城市中的风景名胜区，城湖空间深度融合。新中国成立后，南京城市空间迎来跳跃式发展，尤其是20世纪80年代后开始大规模向古城外拓展，玄武湖由“城边湖”逐渐成为“城中湖”，并以玄武湖为核心，呈现同心圆式城市扩张，造就南京今天“倚水而生,依山而成”的山水城市空间格局。玄武湖也成为南京对外展示的名片，城市功能与景区活动深度融合。

◎ 场景营造

一是景园相融，园中之园。玄武湖作为历代皇家园林的所在地，一直都遵循中国传统园林形制进行空间营造，园内依托天然山景水景细分成各个小园，每个小园各有其景观特色，玄武湖作为大园，园内又有五大洲岛，即“环洲、翠洲、梁洲、樱洲、菱洲”，形成“园中有园”的格局。

二是一池三山，师法自然。中国传统园林讲究尊重自然，即在总体布局上要合乎自然，同时在山水景象上也要合乎自然规律，源于自然并高于自然。刘宋元嘉初年，宋文帝按照“一池三山”的模式，在玄武湖中立蓬莱、瀛洲、方丈三神山（今梁洲、环洲、樱洲的前身），这正是对道家神仙思想的人工诠释，体现出中国传统园林师法自然的营造特征。

三是景点营造，环湖绿带。玄武湖沿岸的景观营造也历经了多个历史时期，早在清代，玄武湖重新开放，曾国藩在梁洲重修湖神庙，增建湖心亭、大仙楼、观音阁、赏荷亭，左宗棠修筑长堤，理顺了游湖路线，徐昭祯建陶公亭及湖山揽胜阁。到了新中国成立前，政府将其作为文化公园进行打造。1949年以后，又将玄武湖公园作为南京的大型城市公园，2004年南京市编制了《南京玄武湖景区详细规划》，梳理了环湖步行交通系统，规划了环湖路，对玄圃、金陵街、阅武台、后湖印月、耆阁环秀等沿城墙空间进行串联，确立了环湖“九园十八景”。2013年又编制了《南京玄武湖景区东部片区的城市设计》，进一步对东岸地区进行环境综合整治。其历轮的相关规划都始终围绕着“人文、亲水、休闲、生态”的原则，文化由历史传统至现代生态；空间由离水至近水亲水；景观设施从无至有，从传统至现代；植物群落从自然生境过渡至疏朗开敞；建筑材料从厚重凝练到朴实生态，逐步呈现出今日玄武湖沿岸的绿带景观[1]。

1 李平，姜从梅．玄武湖．设计与景观共成长——记南京·玄武湖环境综合整治工程[J].江苏建筑,2018(5):30-33.

（3）苏州金鸡湖景区

自20世纪90年代始，在改革开放取得一定成效的基础上，经济结构亟待从农业经济向现代高科技工业经济转型，城市空间成为转型主阵地之一。在此背景下，苏州围绕7.4 km^2的金鸡湖水域，整治周边79km^2范围，打造一个集商务办公和现代游憩与居住的复合型片区。如今23km^2区域的金鸡湖成为国家AAAAA级旅游景区，被誉为“现代水天堂”，作为全国唯一“国家商务旅游示范区”的集中展示和核心区，金鸡湖商务旅游与园林古城交相辉映，共同构成苏州旅游的双名片。

◎ 空间格局

金鸡湖的建设始于1995年，由苏州工业园委托美国著名景观公司EDAW编制了《金鸡湖景观总体整治工程》。其重点立足于苏州工业园区整体空间规划，从北往南按照工业园 — 居住 — 中心商贸 — 居住 — 工业园的功能序列，东西向则依托苏州干将路延伸线为中轴，将金鸡湖打造成为东西轴线与南北轴线的交会节点。而在景区内部的空间格局及功能分区方面，景区最早便将旅游发展与土地开发因素统筹考虑，将湖面及沿湖陆域地区划分为城市广场、湖滨大道、水巷邻里、望湖角等八大片区，在此基础上进一步规划建筑群、绿化生态群落、交通系统等，进而形成片区人文与生态属性的融合（表2-1）。

金鸡湖功能分区列表 表2-1

代号	名称	功能	规划分区缘由
A	城市广场	都市中心及集会广场	因是中心商贸区的中轴线延伸段，拟规划为提供大型集会及在中心商贸区上班、消费人群的休闲空间
B	湖滨大道	带状坡地形绿地公园	为金鸡湖西侧高密度住宅区所设置的仿自然生态型开放休憩场所
C	水巷邻里	优雅滨湖住宅小区	原总体规划中即为低密度住宅区，由于靠近机场路，拟延续苏州古民居枕河而居的布局形式，规划成“水上巢落居住形态”
D	望湖角	生态公园和学习机构	该区原有一些生态群落，且地势低洼，从景观生态学角度上应为金鸡湖地区留有保留性“斑块”，适当布置一些植物园与研究机构
E	金姬墩	水边住宅小区与公共绿地	地块南面均有大河，临湖开阔，拟作为总体规划二区内的高级别墅区
F	文化水廊	都市文娱中心	是二区中心商贸区的轴线最西端，与湖西岸城市广场共轴线且相呼应，拟布置成整个园区的文化、科研、体育中心
G	玲珑湾	带状邻里绿地	天然湖湾。其四周原规划均为高层、高密度住宅区，为突出气势磅礴的400m金鸡湖大桥，布置带状邻里绿地，以供游人及周围居民休憩
H	波心岛	水岛公园	其为人工堆岛，处于城市广场与文化水廊的连接中点，是联系跨湖两区的重要过渡空间，可作为水上娱乐的集中地区

◎ **城湖融合**

一是湖区周边实现多业态集聚，以“大旅游”融入城市格局。立足金鸡湖的建设，苏州市围绕金鸡湖打造了环中央商务区，并形成差异化的城市功能联动方式，湖西打造CBD，以金融办公等楼宇经济和现代服务业为主，全面对接苏州老城现代服务业核心区；湖东以CWD+BGD（中央文化区+生态综合功能区）为核心，侧重发展会展博览、商贸体育等功能，与北侧的苏州城铁商务区对接，全面融入城市总体功能结构体系（图2-7）。

二是多重措施保障湖区交通的外疏内导。为提升片区交通可达性，从2012年起加快建设片区快速路立交工程，强化片区快速交通可达性；为保障湖区环境品质同时缓解过境交通压力，新增6km长金鸡湖公铁复合隧道下穿金鸡湖；环湖绿道与城市重要旅游设施实现无缝衔接，最大限度提升公共活动空间网络的连续性（图2-8）。

图 2-7　金鸡湖与周边城市功能板块的融合分析图

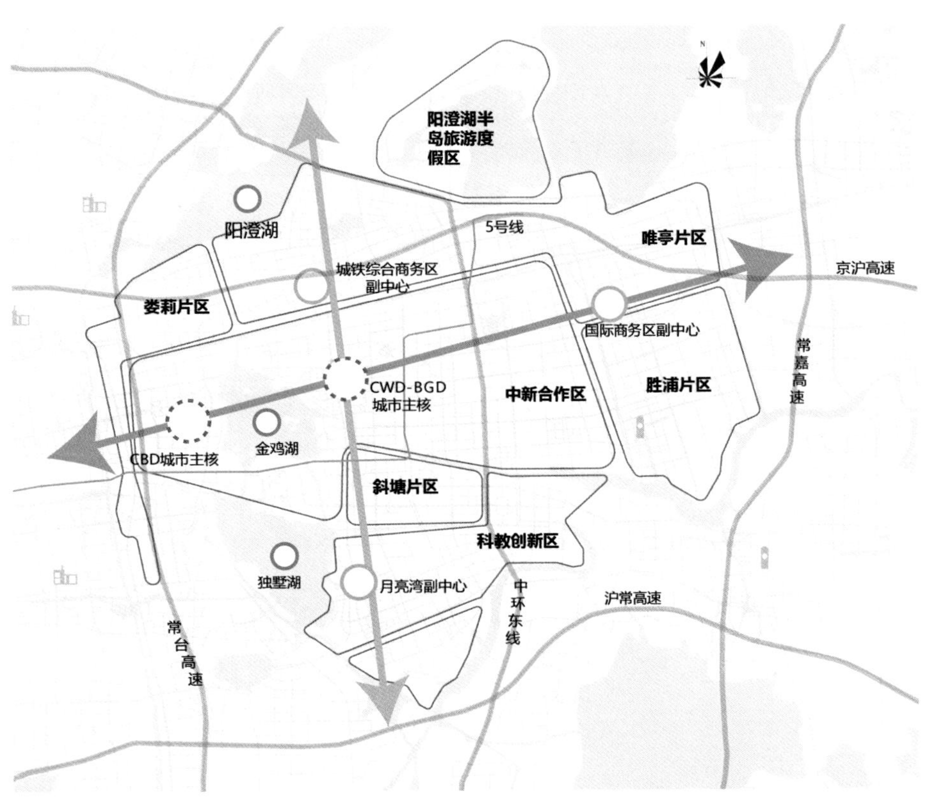

2-7

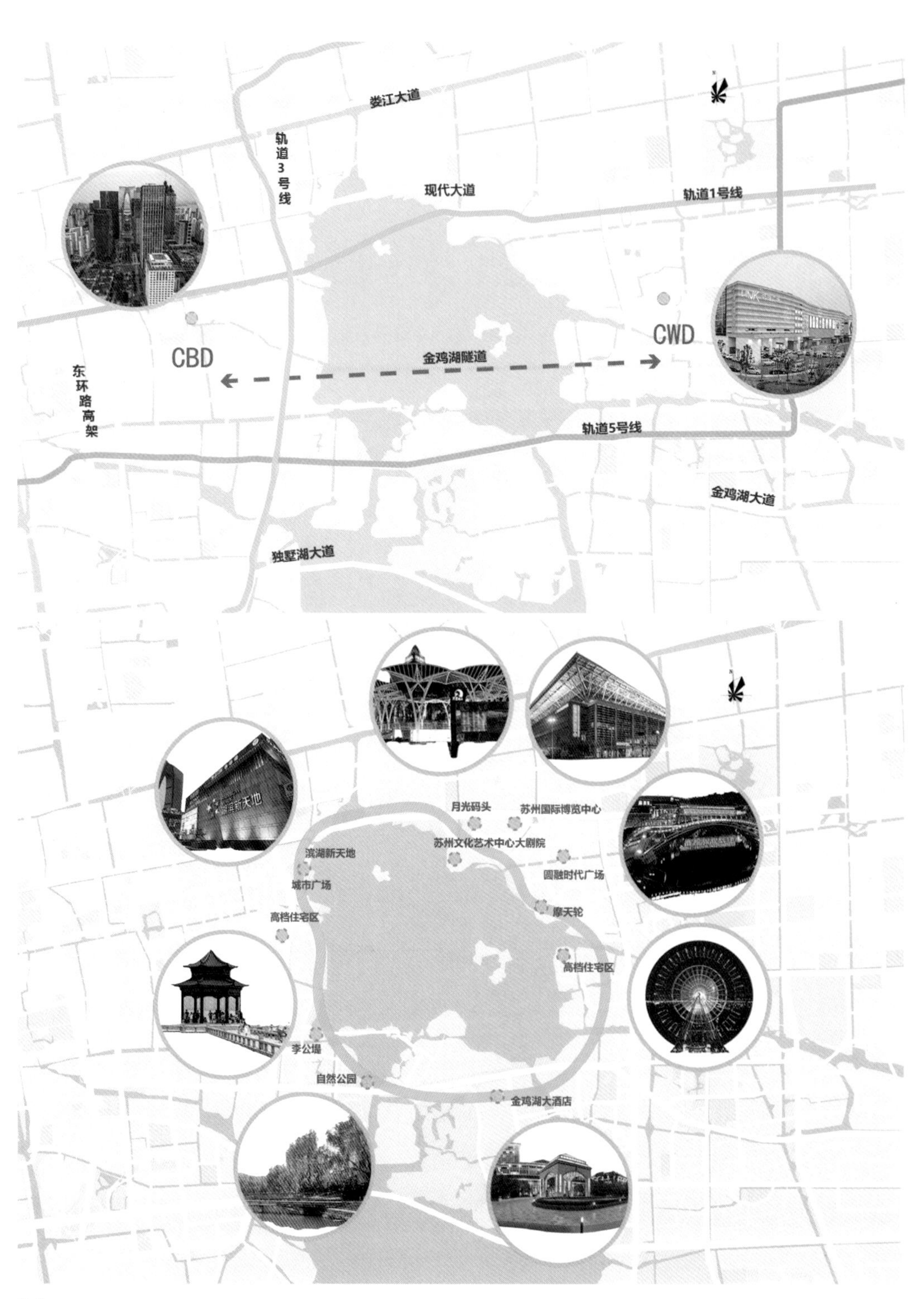

2-8

图 2-8 金鸡湖交通、能"城景融合"主要举示意图

◎ **场景营造**

一是通过分阶段、分主题打造，共同营造金鸡湖商旅融合的氛围。湖区内分主题举办金鸡湖艺术节、苏州青年话剧节、金鸡湖国际半程马拉松、金鸡湖帆船赛等，成为景区的旅游名片。

二是多样化的交通游览方式实现与城市旅游线路的整合。以绿色单车、金鸡湖水上巴士、金鸡湖游船、李公堤小火车等交通方式，使游客多样化地游览湖区景观。

2. 资源优保型

(1)日本琵琶湖湖区

琵琶湖位于日本本州岛中西部地区滋贺县，具有400万年的历史，是日本最大的淡水湖，湖域面积674km^2，也是日本东京和大阪等城市的1400多万人重要的水源地。

曾经的琵琶湖由于人口的增加、城镇化的进程以及生产生活方式的改变，湖内污染负荷流入量增大引起湖内营养盐平衡变化、底泥淤积自净能力下降，导致琵琶湖的水质恶化，但随后日本政府高度重视该湖泊的水环境保护，出台了多项措施改善湖泊水环境。

一是制定相关法律标准，严控水质安全。在1970年，日本制定了《水污染控制法》，规定污水排出的水质标准，之后又出台了《环境质量标准》，制定了与人类健康环境保护方面相关的标准。目前人类健康环境保护质量标准已在日本所有水体管理领域内执行。

二是设置特别法律，保障环保工程项目顺利进行。日本自1972年开始进行“琵琶湖综合发展工程”，此工程着重应对该湖环境方面的挑战，尤其应对水质的下降等问题，提出促进用水的有效性、控制洪水和干旱以及建造一个宜人的湖滨水域等措施。同时为保障工程的有效推进，还特别制定了《琵琶湖区发展特别法》(在1982年和1992年又对《琵琶湖区发展特别法》进行了修订和扩充)，使得具体项目由具体的法律来对工程进行控制和约束。工程进行了25年，计划投资约18630亿日元，实际投资19050亿日元，使得琵琶湖环境大为改观。

三是治水和治山结合。日本琵琶湖的治理，强调综合一体化的治理，治水的同时也治山。恢复植被，涵养水源，保证从山上流出进入琵琶湖的水都是清洁的长流水，这就从源头上控制了山地面源对湖泊的污染，并且为琵琶湖提供了充足的水资源。

四是多源头实行水环境的综合治理。日本琵琶湖的治理一个最突出的特点是支流的水流在进入琵琶湖之前都经过了处理，甚至在农村的源头也配备了污水处理设施，在农村设置净化装置，对农民厨房的“灰水”进行净化处理，并引导农民合理施用农药和杀虫剂，严格控制农业对琵琶湖的面源性污染，“化整为零”地进入琵琶湖的污染物分散到各个支流上进行控制，在源头上控制了污水的流入。

五是进行广泛的环境保护宣传教育。日本将每年的7月1日定为“琵琶湖日”并使其上升为国民共识。同时，公众环保志愿者组织中小学生参观琵琶湖和周边的水污染处理设施，普及琵琶湖的历史和现状、污染的治理和防护知识，推动公众充分认识到保护湖泊的重要性和必要性。

（2）浙江杭州西溪国家湿地公园

西溪湿地位于杭州市区西部，距西湖不到5km，古称河渚，“曲水弯环，群山四绕，名园古刹，前后踵接，又多芦汀沙溆”①，是在人类活动与湿地生态长期交互作用下形成的农耕型、河沼型城市次生湿地，被誉为“杭州之肾”（图2-9、图2-10）。

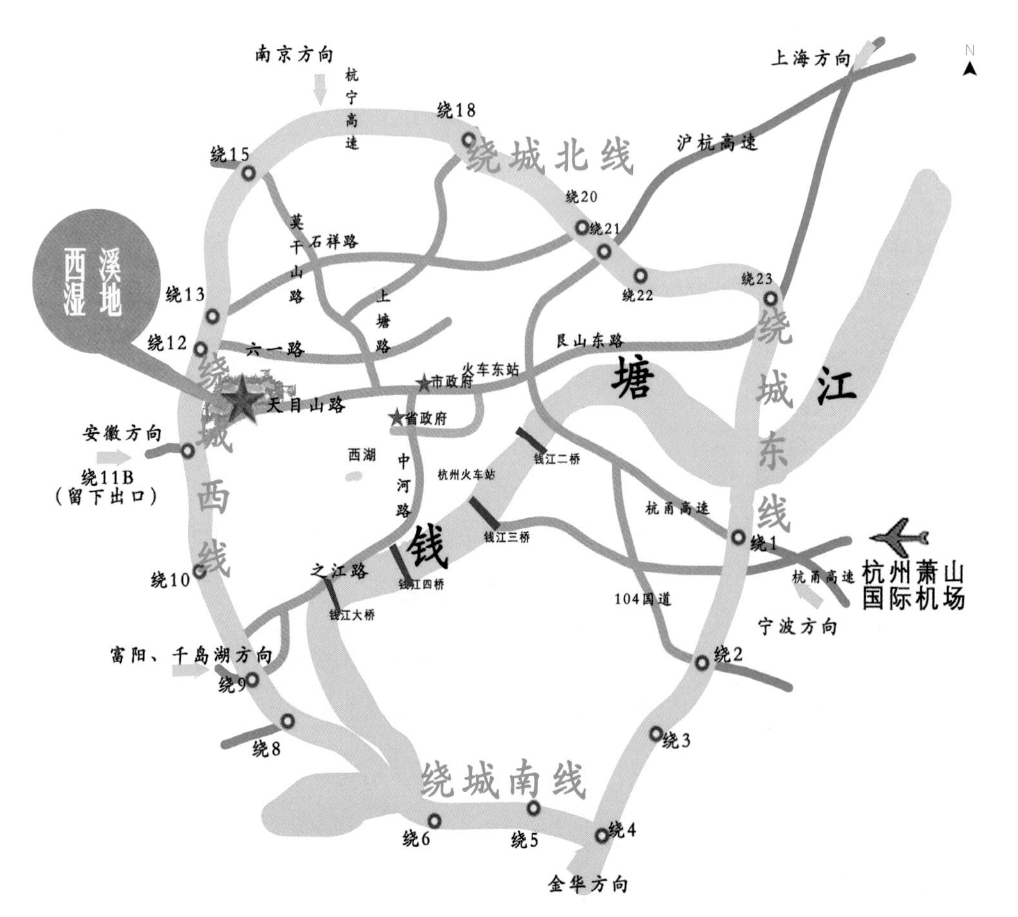

2-9

图2-9 西溪湿地区位图

① http://www.xixiwetland.com.cn/access_xixi.html.

图 2-10　西溪湿地鸟瞰

2-10

2003年为保护西溪湿地、改善生态质量、提升城市品质、造福人民群众，杭州开始实施西溪湿地综合保护工程，坚持“生态优先、最小干预、修旧如旧、注重文化、以民为本、可持续发展”六大原则，开展西溪湿地综合保护工程，取得了生态、社会和经济效益的多赢局面。

“生态优先、最小干预”的原则，改变以往静态保护的思维方式，通过动态保护，聚焦西溪湿地生态环境的保护和修复。一是加强对原生态环境的保护，全面生物资源和生态环境调查，保护和修复地貌、水域原生性，保护好柿基鱼塘、桑基鱼塘、竹基鱼塘等次生湿地；二是强化地形整理，通过插柳“贴”淤泥、沟通水系、退塘还沼等手段，丰富湿地生态类型；三是加强植被配置，按照生态系统多样性、稳定性和生物多样性群类定义配置植物群落；四是加强生物安全管理，严格控制外来生物入侵，促进西溪湿地形成与国家湿地公园相匹配的生态环境。

“修旧如旧、注重文化”的原则，主要体现在西溪湿地内部人文景观的修缮及建设方面。针对历史建成部分保留传统结构及风貌，新建部分则提取传统建筑、文化要素，形成“延续创新、和而不同”的整体风貌；同时，在空间设计中精细化处理历史细节与文化遗存，将山水资源与人文底蕴充分融合[1]（图2-11、图2-12）。

“以民为本、可持续发展”的原则，主要体现在对景中村落的整治工作中。首先是通过当地政府出资，将本地居民进行外迁安置；其次为保障居民后续稳定就业，通过安排技术培训并优先录用的方式，安排原拆迁村民入职湿地服务行业岗位；最后针对被收购征用的集体用地给予10%留用地指标[2]，用于发展旅游休闲、文化创意等第三产业，实现产业发展永葆活力。

图2-11　西溪湿地河渚街景观

2-11

① http://www.urbanchina.org/content/content_7926510.html.

② http://www.urbanchina.org/content/content_7946642.html.

图 2-12　西溪湿地十景之渔村烟雨

2-12

3. 产业驱动型

（1）意大利科莫湖湖区

意大利科莫湖位于阿尔卑斯山南麓的一个盆地中，总体呈Y字狭长形，长31km，宽5km，湖面海拔约200m，面积146km²，最大深度达410m，长久以来依托“旅游地产+湖泊休闲”的度假模式，以湖岸别墅等度假地产为核心特色，成为欧洲最负盛名的旅游胜地。

一是温和的气候和丰富多样的植被为特色化旅游奠定基础。由于科莫湖地处阿尔卑斯山南麓，气候温和，冬暖夏凉，为各种植物提供了良好的生长环境，形成了繁茂的植被资源，包括丝柏、月桂树、山茶花、杜鹃花、木兰和仙人掌等地中海植物，南方的羊齿科植物、松柏类植物茂盛地生长，并拥有许多热带和亚热带的植物。因此，两千多年前科莫湖就吸引了古罗马人在湖畔修身养性以及后期更吸引诸多文艺大师们来此创作。

二是对片区建设实行严格的建设强度和开发控制。为严格保护湖区和小镇风貌，科莫湖区长期以来坚持极为严格的空间管控要求，内有三座小镇，多为中世纪建筑物，几乎都是低层普通民居及别墅，没有突兀的高楼，从客观上限制景区的游览人数，也一定程度缓解了景区环境保护压力。

三是严格产业准入+多节点互补，形成了差异和谐的产业集群。在产业发展方面，科莫湖保持自古以来的多元产业发展体系，旅游业仅在湖区排名第三，当地主要的支柱产业为纺织业、手工家具设计及制造等对环境污染小的产业体系。对湖区新增的产业也形成了严格的控制要求，将污染相对较高的纺织品加工厂沿湖区外围布局，确保了湖区的环境品质。当地的传统手工艺品、丝绸制品、皮具、玻璃器皿则进一步完善了旅游产品体系。同时以梅纳焦、贝拉焦、瓦伦纳、伦诺为四处重要节点，形成了旅游地产+功能产业+配套环境相结合的复合产业功能。

四是优越的空间资源促进了文旅产业融合发展。科莫湖的如画风景与湖畔生活激发了许多作家的灵感，意大利作家曼佐尼、美国作家马克·吐温、英国作家玛丽·雪莱、瑞典戏剧家兼诗人奥古斯特·斯特林堡均在科莫湖长时间进行艺术创作，并留下众多艺术结晶。科莫湖的文化产业发展一直延续至当代，尤其在大众流行文化领域也开辟了新的领域，比如在与电影产业结合方面，以科莫湖为拍摄场景的电影为数众多，如《湖畔迷情》《星球大战前传2：克隆人的进攻》《十二罗汉》《皇家赌场》等，形成了将优越的自然风光与独特的建筑风貌转化为现代经济价值的模式，实现了文旅融合发展的特色路径。

五是全域立体的活动策划形成了品牌效应。科莫湖依托其山湖资源，形成了全维度的高端运动产业体系，水上项目涵盖帆船、游艇、摩托艇、风帆冲浪等；陆上项目涵盖山地自行车、电缆车、徒步、远足、登山、攀岩、高尔夫等；空中项目涵盖私人飞机、滑翔体验等。并通过围绕特色节点小镇，各主题板块或主题小镇进行游线串联，形成了国际一流的湖山型旅游体验体系。

（2）英国湖区国家公园

英国湖区是英国14个国家公园之一，位于英格兰西北部沿海的坎布里亚郡，湖区内有英格兰最高峰斯科菲峰和英格兰最大的湖温德米尔湖，面积约2300km^2，是欧洲最受欢迎的度假胜地和世界著名的乡村旅游度假区之一。目前湖区共有36个村庄，居住人口约4万，其中1.5万人从事旅游业。2015年湖区接待旅游人数为1500万，旅游收益达到10.51亿英镑（图2-13）。

一是依托各具特色的村庄小镇、名人和知识产权（IP）效应，形成主题化的旅游策划。湖区旅游最深厚的资源来自于片区内众多的小镇和丰富的文化知识产权（IP）。比如湖区的格拉斯米尔是英国浪漫主义诗人威廉·华兹华斯出生之地，诞生了著名的“湖畔诗派”。湖区也是《彼得兔的故事》的发源地，创造英国流传百年的童话，在《哈利·波特》系列电影中，哈利骑着翼兽在空中飞翔掠过的湖面就是温德米尔湖。基于这些要素英国湖区以差异集群化的发展带动乡村的发展，如交通发达和设施完备的旅游集散地温德米尔、拥有彼得兔大知识产权（IP）的鲍内斯、具有维多利亚田园风光和姜饼特色的格拉斯米尔、以石墨铅笔发源地闻名的凯西克、以蒸汽火车闻名的雷克赛德等。

二是打造多样且可持续的水陆交通体系。整个湖区将所有旅游路线进行整合梳理，结合境内自然美景和历史人文资源，形成涵盖不同景点、主题多样、多种难度的游览体系，串联起各个小镇，打造73条风景游览线路，全长900多千米。同时为保障湖区生态品质，在交通体系方面采取多种绿色低碳策略，比如通过在交通枢纽、门户地区或乡村服务中心新建公共停车场，实现

图2-13　英国湖区旅游特色主导功能分区图

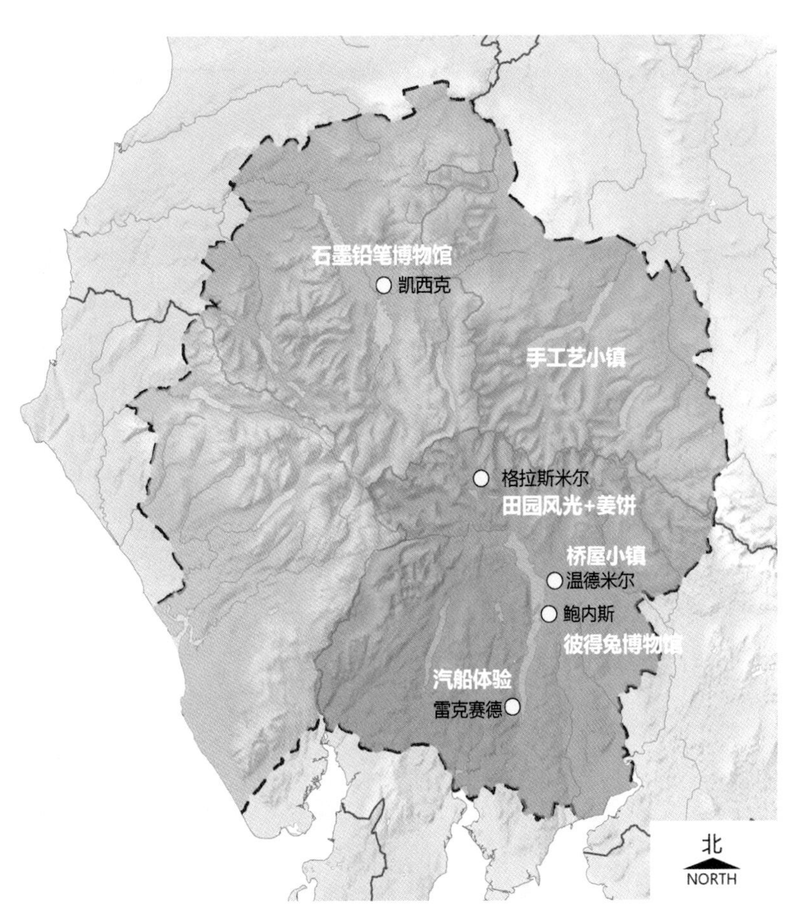

2-13

低碳换乘；倡导和支持多交通模式联合售票，并加强两条铁路站点之间的连通性；同时支持应用于公交车、火车和水上交通的减碳技术。

三是创造丰富、适合多元群体的旅游体验。湖区结合自然观察活动、历史文化景点、各种博物馆策划适合儿童和学生的特色路线。除了传统的徒步、垂钓等休闲娱乐活动，还增加自行车骑行、骑马、水上运动、露营和观星等户外活动，并提供相应的配套设施。在精细化的设施保障方面，在徒步路线基础上进一步细化分类，策划针对不同人群的徒步路线和活动。根据坡度、路面铺装情况、长度等因素选取了7条无障碍路线（Miles without Stiles），适合轮椅和推婴儿车的人群使用。

四是多方治理的管理模式，即平台协作、联合开发。英国湖区由湖区国家公园管理局作为整体运营平台，把控湖区发展方向，并帮助企业、农户、社区、政府、游客等不同主体在湖区发展中相互协作，推动湖区积极发展。首先，湖区管理局承担湖区的统一管理和运营，建立统一的管理体系，明确相关主体在景区发展中的关注板块，并且管理公园内的集中配套服务。其次，湖区管理局整合资源平台，使各个主体能在湖区的发展框架下协作参与基础设施和旅游项目的投资、建设和经营。最后，湖区管理局作为湖区的官方媒体，负责整体塑造湖区的旅游形象，为湖区内的企业和个人提供对外宣传平台，带动湖区乡村旅游产业及本地农业的整体发展（图2-14）。

图 2-14　英国湖区乡村管理运营模式

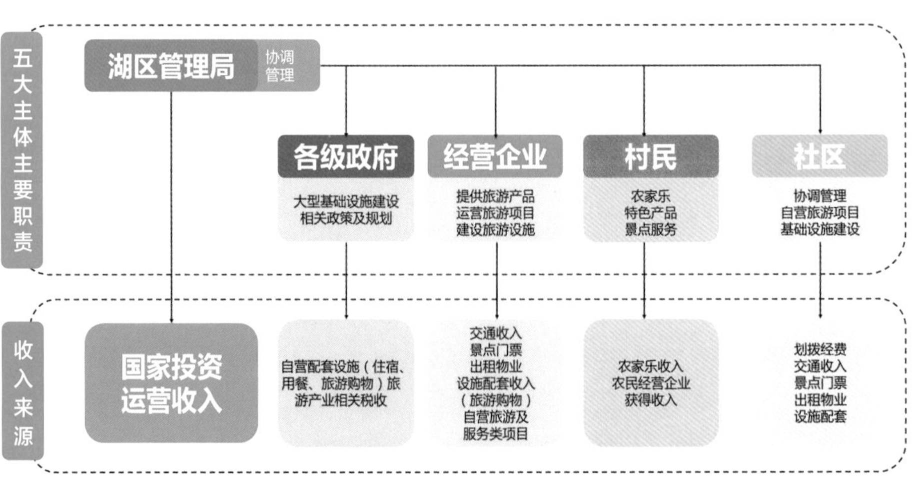

2-14

1. 风貌控制型

（1）云南抚仙湖地区

云南抚仙湖是中国最大的深水型淡水湖泊，珠江源头第一大湖，距昆明主城区60km，与星云湖、杞麓湖、滇池以及阳宗海共同构成滇中地区的高原湖泊群。明代文人徐霞客曾言“滇山惟多土，故多壅流成海；而流多浑浊，惟抚仙湖最清”，这也反映了抚仙湖湖水清澈、晶莹剔透的湖景。抚仙湖湖面似葫芦形，呈南北向，两端宽、中间窄。东西两侧群山环抱，东侧属于磨盘山系，群山连绵、山势陡峭，西侧起伏跌宕、形态各具，其中最为有名的是笔架山、碧云山、尖山、孤山。云南抚仙湖风景区面积约674.69km^2，其中水域面积约216.6km^2。

云南省一直高度重视抚仙湖及周边区域的生态环境，相继出台了《云南省抚仙湖保护条例（2007年）》《云南省抚仙湖保护条例（2015年修订版）》等相关法规，编制了《抚仙—星云湖泊省级风景名胜区总体规划（2011—2030年）》《抚仙—星云生态建设与旅游改革发展综合试验总体规划（2008—2020年）》《抚仙湖—星云湖生态建设与旅游改革试验区旅游开发控制规划》《抚仙湖流域禁止开发控制区规划修编（2013—2020年）》等相关规划，对抚仙湖的性质定位、功能构成、岸线保护与利用、规划布局作了明确指示。2015年为进一步强化对抚仙湖沿湖地区的风貌控制，特编制了《抚仙湖沿湖区域“山·城·湖”规划建筑控制引导》。根据抚仙湖自身特色，以“山·城·湖”为核心要素，优化山水自然空间的联系，建立抚仙湖特色山水空间框架，以抚仙湖周边特有的建筑文化为基础，对沿湖区域规划建筑提出控制导引，包括建筑高度、风格、色彩等方面，构建整体多元融合，分区特色突出，与山水环境相呼应的建筑形象[1]。

一是强化抚仙湖“一环山、一湖水、一城池、多汇流”的整体自然景观格局，突出“山、城、湖、河”等自然要素。“一环山”即对环绕抚仙湖的山体采取保护与修复两大策略，保证自然山体的完整性；“一湖水”即对抚仙湖湖水采取截污建设，打造环湖自然、旅游、生活三大岸线；“一城池”即对抚仙湖北部的澄江县城进行控制引导，塑造展示生态且富有活力的滨湖小镇形象。“多汇流”即对多条汇入抚仙湖的水渠进行分类管控。

① 高孙翔，姜丽波．高原湖泊建筑风貌控制方法研究——以抚仙湖为例[J]．基层建设，2016(29):35-40.

二是对抚仙湖地区实行整体建筑高度控制，形成“显山露水、层次递进”的空间感受。将沿湖面向外划分为4个区域，根据视线、对山体的影响程度，确定了4个区域建筑的最高高度，均不能超过背后最近山体的山脊线（图2-15、表2-2）。

三是通过对抚仙湖区域独特的地理位置、空气质量、日照分析与现状优秀建筑色彩的提取，得出抚仙湖环湖区域建筑主色调为棕黄色、辅色为砖红色、点缀色为蓝色，将其作为抚仙湖整体色彩的引导，彰显滨水旅游区的色彩识别特征（图2-16）。

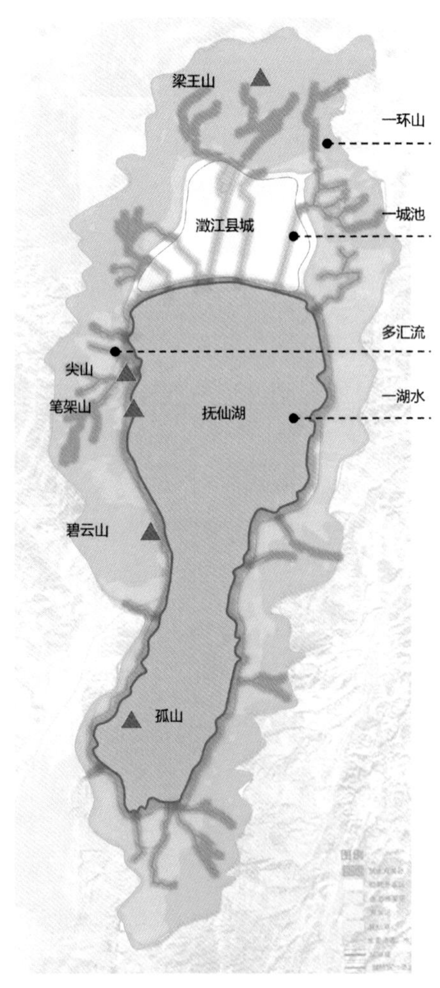

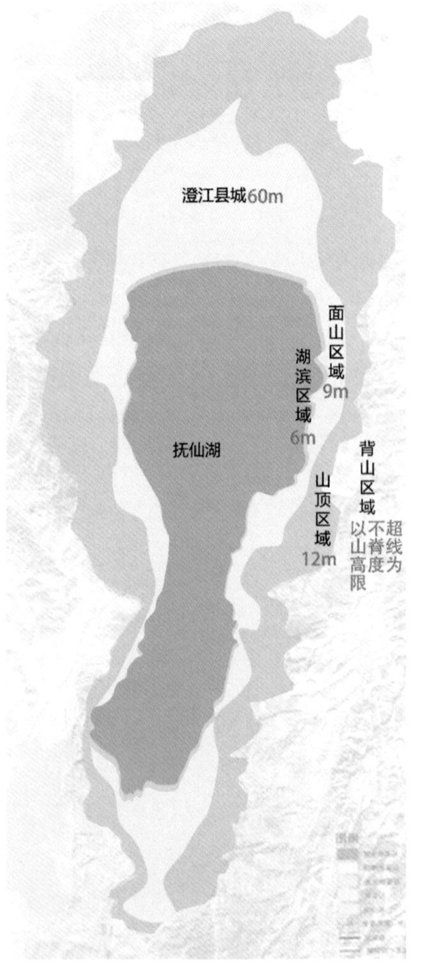

2-15

图2-15　抚仙湖总体自然景观格局图（左）和抚仙湖沿湖建筑高度控制图（右）
图片来源：玉溪市规划局、昆明市规划设计研究院《抚仙湖沿湖区域“山·城·湖”规划建筑控制引导》

抚仙湖地区不同区域的建筑高度控制要求　　表2-2

区域类型	高度控制要求
环湖禁止开发区域	该区域为抚仙湖外围100m范围内的禁建区，不允许任何建设开发
湖滨区域	居住及酒店建筑檐口高度原则上不超过6m； 公共建筑檐口局部高度不超过9m
面山区域	居住及酒店建筑檐口高度原则上不超过9m； 公共建筑檐口局部高度不超过12m
山顶区域	居住及酒店建筑檐口高度原则上不超过12m； 公共建筑檐口局部高度不超过15m
背山区域	居住及酒店建筑檐口高度原则上不超过12m； 公共建筑檐口局部高度不超过15m； 建筑高度可根据实际地形进行浮动，但以不超过最近面山的山脊线高度为限

资料来源：玉溪市规划局、昆明市规划设计研究院《抚仙湖沿湖区域“山·城·湖”规划建筑控制引导》。

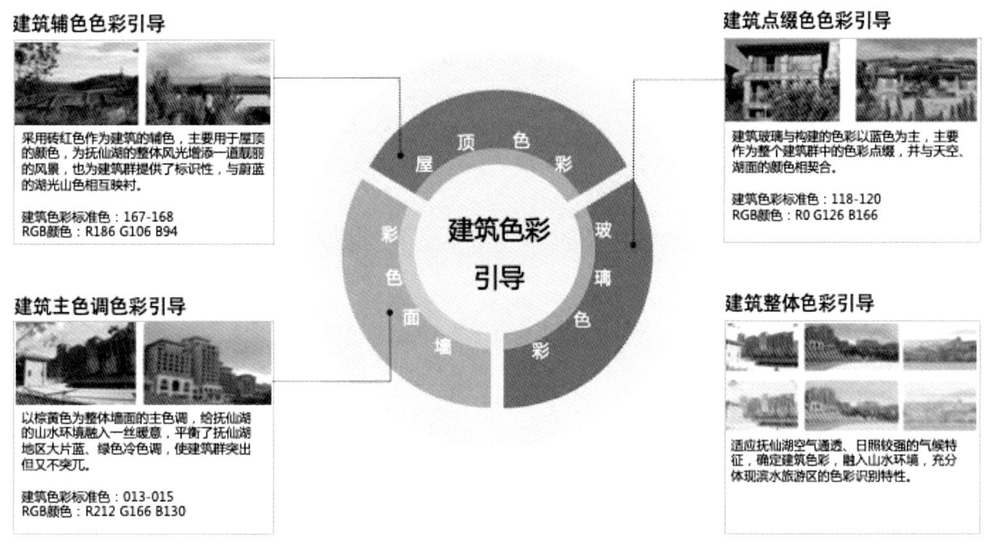

2-16

图 2-16 抚仙湖整体色彩引导
图片来源：同图 2-15

四是从“宏观 — 中观 — 微观”角度，形成规划、建筑、设施的三类控制引导。规划篇主要对滨湖区域、滨河区域、县城核心区、历史文化区、主要公园周边等区域提出建筑高度、色彩、体量及建筑立面风格的引导控制；建筑篇主要针对建筑屋顶、建筑底部、设备、店铺招牌、围墙等提出引导控制；设施篇主要针对街道家具提出引导控制（图2-17）。

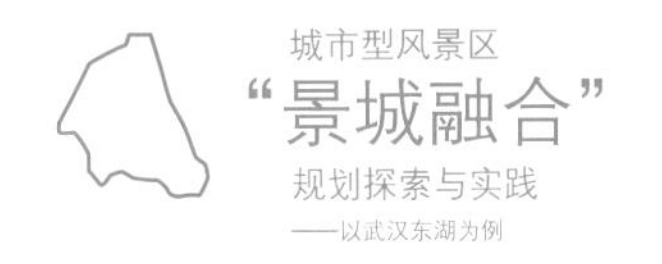

1 规划篇

图文结合，对建筑高度、色彩、体量以及建筑屋顶、立面风格、附属设施（空调机、太阳能集热板、围墙）等提出引导控制：

- 滨湖区域
- 滨河区域
- 主要公园周边区域
- 主要道路周边区域
- 县城核心区
- 历史文化区
- 环湖区域村庄整治
- 非建设控制区

2 建筑篇

- 建筑屋顶
- 建筑底部
- 建筑设备
- 店铺招牌
- 围墙

3 设施篇

- 公交班车站点
- 报刊亭
- 电话亭
- 路灯
- 树池
- 废物箱
- 护栏
- 店招牌匾

2-17

图 2-17　抚仙湖规划、建筑、设施的三类控制引导框架

图片来源：同图 2-15

（2）杭州千岛湖景区

千岛湖位于浙江省淳安县境内，东距杭州129km、西距黄山140km，湖域总面积580km^2，岛屿1078座[①]。作为“两江一湖”国家级风景名胜区的重要组成部分，是“杭州 — 千岛湖 — 黄山”这条“名山、名水、名城”走廊上的重要节点。

千岛湖拥有“高山出平湖，湖中浮千岛”的独特意象，素以“千岛、碧水、金腰带”的独特景观闻名于世[②]（图2-18）。山、湖、岛、湾及其相互交融的形态关系，以及自然湖光山色是千岛湖城市景观风貌的自然基础；沿湖伸展的道路，面湖而居的城市，山水交融、有机生成的城市山水格局是千岛湖城市景观风貌的总体脉络；山地特征、中小尺度、和谐统一、简洁朴素的建筑形象，是千岛湖城市景观风貌的核心内容；初具特色、渐成体系的绿化小品是千岛湖城市景观风貌的生动元素；多元混合、不断延展、快步走向开放振兴的特色文化是千岛湖城市的精神内涵[③]。由于千岛湖承担着流域内重要的生态、防洪、灌溉、养殖、旅游等功能，因此未来千岛湖景观风貌的构建意义重大，不仅关乎千岛湖自身的未来，更关乎流域内

① 孙平，浙江省淳安县志编纂委员会．浙江省淳安县志［M］．上海：汉语大词典出版社，1990：16．

② 贾漫丽，白杨，杨建民，刘桂林．滨湖风景旅游小城镇景观风貌控制规划——以杭州千岛湖为例［J］．西北林学院学报，2009,24(4):201-204．

③ 张勇，胡庆钢．千岛湖城市景观风貌控制概念规划探析［J］．规划师，2009,25(3):45-52．

图 2-18 千岛湖实景
图片来源：李阳 摄

2-18

的安全和人类物质与文化遗产的传承，因此一直以来高度重视沿岸景观风貌的控制，编制了多轮景观风貌控制规划及指引。

一是规划形成“谷湾湖山轴带串联”的总体城市景观格局。“谷”指的是金竹牌乡野花谷景观风貌区；“湾”指的是太平湾城市山水景观风貌区；“湖”指的是城中湖景观风貌区；“山”指的是排岭山城景观风貌区；“轴带串联”指的是以沿湖伸展的千岛湖大道和淳杨线为纽带，串联千岛湖各具特色的谷、湾、湖、山等景观要素，形成体验千岛湖城市景观风貌的空间序列和重要线索。

二是规划明确了五大景观风貌分区。千岛湖的景观风貌主要由现代滨湖都市风貌、休闲度假风貌、城市生态产业风貌、传统历史风貌、自然风貌等多种风貌类型构成，根据区位划分为：层林尽染 —— 金竹排、水上漫步 —— 太平湾、千岛之夜 —— 城中湖、古镇流歌 —— 老排岭和水墨画卷 —— 中心湖五大景观风貌分区。

三是规划对不同地段采取不同的控制和引导措施。在城市环湖地段，对湖面景观产生影响的临湖地段的城市建设区，规划采取“分区控制”和“分类控制”的原则方法，分别从滨水建筑和设施的后退、岸线处理方式、场地利用方式、道路建设方式、坡地建筑模式、色彩风格的协调方式、滨水绿化方式等多个方面，对千岛湖风貌格局进行整体控制与引导，并提出相应措施与模式的规划要求、适用范围，以条例形式对千岛湖的城市建设提供明确的指导依据。在城市一般地段，对湖面景观不产生影响的，规划依据控规进行管理。①

5. 民生改善型

(1) 温州楠溪江风景区景中村改造实践

楠溪江风景区总面积约670.76km²，风景区内共包括5个镇、11个乡、234个行政村、73个自然村，人口24.5万人，景中村数量多、分布广，历史悠久。楠溪江“景中村”是浙江非常有特色且具有代表性的景中村，是浙南民居的代表，不仅价值高且数量庞大，密集分布在核心风景资源点周边，与景区资源相生相依，与自然山水形成的内在联系构成了楠溪江风景区独有的资源格局（图2-19）。同时楠溪江古村落也是“耕读文化”“宗族文化”的典型写照，代表了唐宋以来的传统建筑风格和规划理念，表现了传统文人的生活方式和社会理想，因此对于数量庞大且文化价值高的楠溪江“景中村”来说，厘清发展思路尤为重要。

一是采取“分类调控、逐一明确”的总体规模控制。在结合村庄现实情况和对接乡

图 2-19　楠溪江景中村实景 1
图片来源：黄焕 摄

2-19

① 张勇，胡庆钢．千岛湖城市景观风貌控制概念规划探析 [J]. 规划师，2009,25(3):45-52.

镇规划的基础上，对307个居民点（包括234个行政村和73个自然村）的控制类型进行了逐一规定，划分为“引导集聚型、严格控制型、缩小搬迁型、一般控制型”四类。“引导集聚型”主要是中心城镇和服务点，位于交通枢纽、用地条件较好、基础设施条件较好的居民点或距离主要风景区较远、对主要景区景点影响不大的居民点；“严格控制型”则位于特级、一级或二级保护区内，靠近主要景点，对风景环境影响较大的居民点；“缩小搬迁型”则位于核心区或深山高地，规模较小，交通不便，基础设施匮乏，不适宜生存发展，或者位于主要景点直接影响范围内，对风景资源影响较大的居民点；“一般控制型”则是三类以外的居民点[1]。

二是采取“因地制宜、分型发展”的类型引导。考虑村庄的现状资源价值、风貌保留程度、交通区位、总规对旅游配套设施的统筹安排，对307个景中村进行产业发展引导，提出“整体保护型、局部保护型、环境整治型”三类。“整体保护型”对整体格局风貌保护较好，具有国家重点文物保护单位的村落，以静态展示、观光游览和民俗体验为主，适当辅以设施配套；“局部保护型”则对村庄采取保留并适当整治，发展第三产业，植入特色功能，发展成农家乐、渔家乐、洋家乐、林家乐、民宿村、艺术村等；“环境整治型”则对村庄进行美化及整治工作（图2-20）。

图2-20　楠溪江景中村实景2
图片来源：黄焕 摄

2-20

1　汪瑾，李鑫．楠溪江“景中村”可持续发展策略初探[M]//持续发展 理性规划——2017中国城市规划年会论文集．北京：中国建筑工业出版社，2017：1367-1377.

图 2-21 梅家坞实景 1

三是采取“以点带面、分步实施”的实施计划。一方面，采取“分区侧重”发展的方式，通过“重点”+“均衡”+“疏导”的原则，提出一套“以点带面”的楠溪江景中村发展体系。通过梳理居民点布局结构特征、功能区特征、各个管理区（景区）特征，整理出一批需要重点发展的村落；对于其中需要控制的景中村，严格控制开发强度和建筑高度，对于其他风景价值相对较低的村落，可适度开发，实现景中村均衡发展；对于有待提升的景中村或者具有发展潜力的景中村则要适度倾斜，通过有效疏导，增强对游人的吸引力，提高接待能力，疏解核心景区的压力。另一方面，采取“分步实施”的实施计划，依据风景区总规和相关规划，对近远期建设作出相关安排，明确近期重点发展的村庄。

四是采取“统一管理，有效落实”的管理方式。在管理机构上，楠溪江风景旅游区管委会（下称“管委会”）为县政府派出机构，与楠溪江旅游管理局合署办公。管委会负责风景区总规，详细规划的编制、报批、完善和监督实施工作。下属管理所负责各个景区的保护与统一管理工作。在管理权限上，管委会受乡镇委托，托管风景区内26个行政村的村庄和保护工作，包括处于核心区范围内的村庄和有价值的古村落。

（2）杭州西湖风景区梅家坞村建设实践

梅家坞位于杭州西湖风景名胜区西部，有着600多年的历史，是杭州著名的龙井茶生产基地，也是杭州西湖风景名胜区范围内第一个整治的“景中村”。从2000年启动乡村建设开始，坚持以规划为引领，对周边山、林、茶园、溪涧等自然环境实行保护，完善道路、停车、给水排水等基础设施，改善村居环境，实行风貌控制，促进村庄产业转型，提升村民生活水平，完整地实践了“系统治理、久久为功”的浙江经验，是浙江乡村建设的成功案例之一（图2-21）。

一是明确“十里梅坞”的总体定位。2001年完成的梅家坞村庄规划，立足于区位优势以及龙井茶生产基地，把梅家坞定位为以“十里梅坞”自然山水环境为依托、以茶文化为底蕴、杭州城郊最大的茶乡农家休闲村落群及茶文化休闲景区[1]（图2-22）。

① 程红波．系统治理、久久为功——杭州梅家坞村20年乡村建设实践[J]．中国园林，2020，36(S2):119-123.

2-22

2-23

图 2-22　梅家坞实景 2
图 2-23　梅家坞村入口小广场

二是明确了从宏观到微观、从整体到局部、从乡村聚落到乡村建筑，均须充分彰显地方特色。对于梅家坞的聚落环境采取了打开村庄透气线的方式，拆除盖于溪涧之上的建、构筑物，增设沿溪绿地；梳理村庄道路，铺设基础设施；增设绿地空间和亲水踏步。对村居建筑开展整治工作，按照建筑质量、建筑风貌、住户意愿开展风貌修缮工作，此外还对桥梁、标识、水系等环境要素进行设计。如今的梅家坞粉墙黛瓦，在杭州城郊丘陵群山与缓坡茶园的辉映下愈发清新亮丽（图2-23）。

三是通过系统治理，持续推进景中村建设。以建筑整治、环境美化为主导的村庄整治进行了多轮，按照规划分步骤推进；充分尊重村民意愿，倡导共同参与，比如住户对建筑功能的特殊要求，在方案时就被纳入设计一并考虑；邻里之间的空间退让，通过协调得以解决；政府与住户之间就整治建设费用按实际使用占比分担，等等。此外，集中整治与长效管理相互呼应，梅家坞属于杭州西湖风景名胜区管委会的托管范围，西湖风景名胜区管委会出台了《杭州西湖风景名胜区景中村管理办法》《西湖街道景中村长效管理办法》《关于进一步加强景中村管理巡查整改工作的意见》《关于完善景中村管理工作的若干意见》等规章制度，以巩固村庄整治和建设成果，为游客提供安全、文明、优质、舒适的游览环境和游览秩序。

四是通过产业转型升级，做大做强产业类型，逐步演变为现在的以茶叶出售、茶楼出租、农家乐经营以及民宿等多元复合的产业发展态势。

三、小结

通过分析相关案例可以看出，杭州西湖是从郊野湖泊逐步变为文人墨客的观光游览场所，在杭州城各个历史阶段承担了不同的角色，是水与城、景与城、湖与城相互融合的典型代表；玄武湖则更加具有皇家帝王气魄，采取中国古典园林“一池三山”的神话模式，最终形成“山水墙城”的独特空间意象；金鸡湖则是从农业经济向现代高科技工业转型的典型代表，是国家商务旅游的集中展示核心区，商务旅游与园林古城相互辉映。此外，日本琵琶湖是资源保护型湖泊的优秀代表；意大利科莫湖和英国国家湖区则通过产业驱动实现湖区产业升级；云南抚仙湖和杭州千岛湖则出台相关政策和编制景观风貌规划导则管控沿湖风貌；楠溪江和杭州梅家坞村是“景中村”改造更新的典范。本书旨在通过研究分析国内外优秀案例，从多维度、多视角为大东湖的规划建设提供参考借鉴。

楚天臺

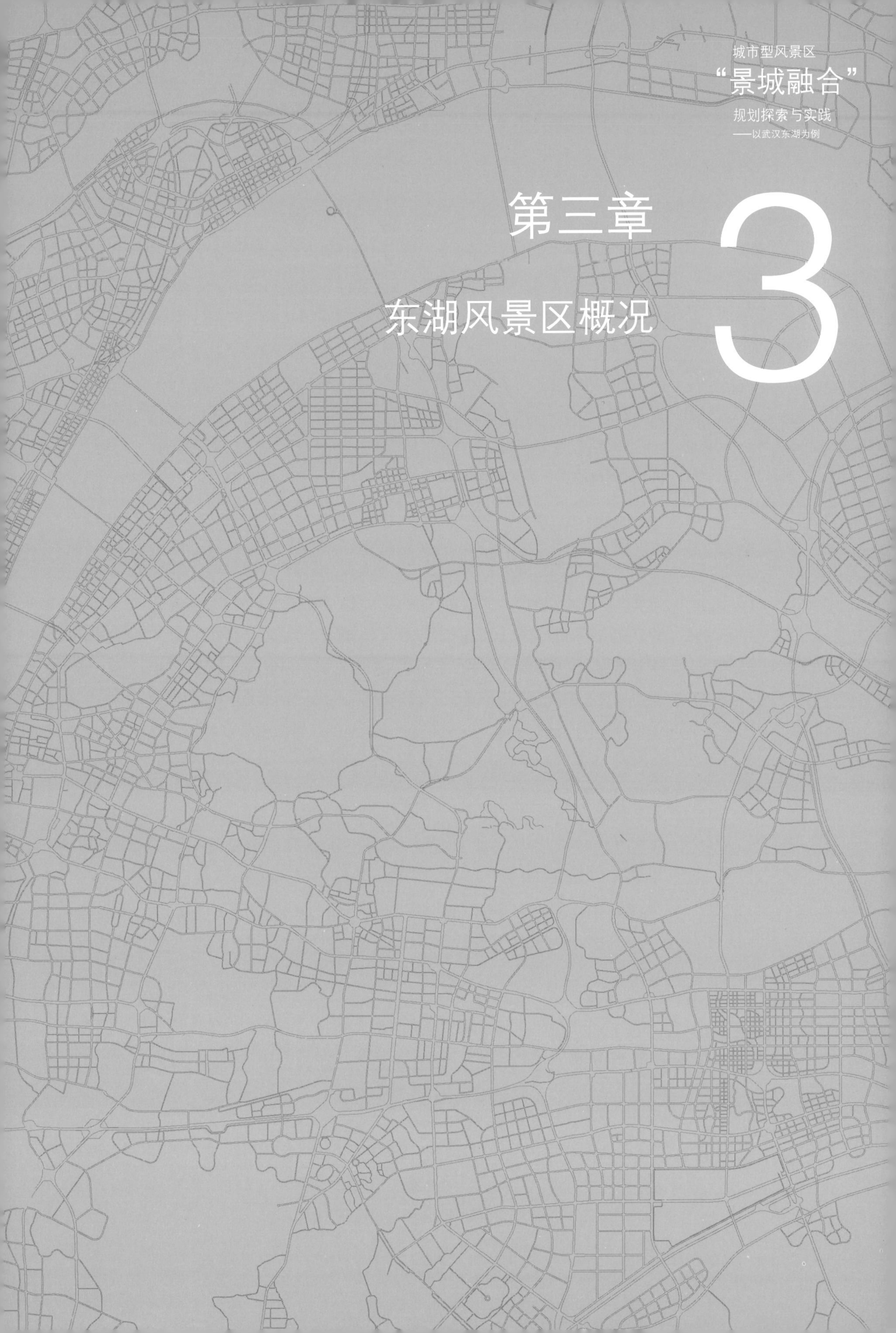

第三章 东湖风景区概况 3

东湖风景区位于武汉市中心城区东部，北至杨春湖城市副中心，南抵东湖自主创新示范区，西面毗邻省级行政中心和文化中心，东部至严西湖，辖区面积81.68km^2，包含风景名胜区61.86 km^2，托管区19.82km^2。作为首批国家级风景名胜区，东湖以33km^{2}自然湖泊和34座连绵山峰坐拥“长江经济带最美湖泊”，整个风景区山水相依、城湖相融。自1930年“海光农圃”建设起步，历经90余年发展，成为一代人的情结，也承载着一座城的骄傲。

一、总体情况

1. 空间范围

东湖风景区空间范围变化总体经历了三个阶段：首次划定是在1950年至1956年，风景区管辖规模超过100km^2，是东湖划定的最大保护范围。为了便于当时新成立的东湖风景区管理处（1954年成立）实施管理，1956年5月出台的《东湖风景区总体规划草图说明》中明确东湖风景区的范围是以东湖夏汛水位为准，包括沿湖周围3～5km范围，确定全部规划管理面积105km^2，其中水域面积33km^2，划分为华林、听涛、落雁、洪山、珞珈、龙泉、磨山、清河8个景区，此次划定为东湖实现一体化管理奠定了基础。

第二阶段为1958～1992年，随着社会经济发展，武昌地区城市空间逐步从沿江发展转向沿湖发展，东湖保护范围进行了修订，并划定了景区规划建设范围和保护范围，管辖总面积为87km^2，其中规划建设范围为73.24km^2，保护范围为13.77km^2，该范围在1981年申报国家级风景名胜区中予以明确。1995年获批的《武汉东湖风景名胜区总体规划》[1]将规划建设范围明确为风景名胜区范围，面积与规划建设范围基本保持一致，为73.24km^2；外围保护地带范围进行了局部优化，面积为14.95km^2；管辖总面积达到88.19km^2。

第三阶段为2006年成立东湖风景区管委会，划定东湖风景区托管区。结合杨春湖高铁站和城市副中心建设，考虑铁路建设和城市发展的需要，对风景区管辖范围即东湖风景区托管区范围再次进行优化，总面积由88.19km^{2}调整为81.68km^2。2011年获批的《东湖风景名胜区总体规划（2011—2025年）》[2]明确风景名胜区范围由73.24km^{2}调整为61.86km^2，范围调整为东至武广铁路，西至东湖路，北以筲箕湖以北地区及中北路延长线为界，南至老武黄公路、喻家山、南望山一线山脉南麓区域，主要调减区域包括杨春湖副中心、华侨城区域和马鞍山森林公园入口区域，其他区域面积为19.82km^2，仍为东湖风景区托管区范围，该范围一直沿用至今（图3-1）。

① 为表述方便，后文统一简称为1995年版《东湖风景区总规》。

② 为表述方便，后文统一简称为2011年版《东湖风景区总规》。

图 3-1　东湖风景区范围变迁示意图

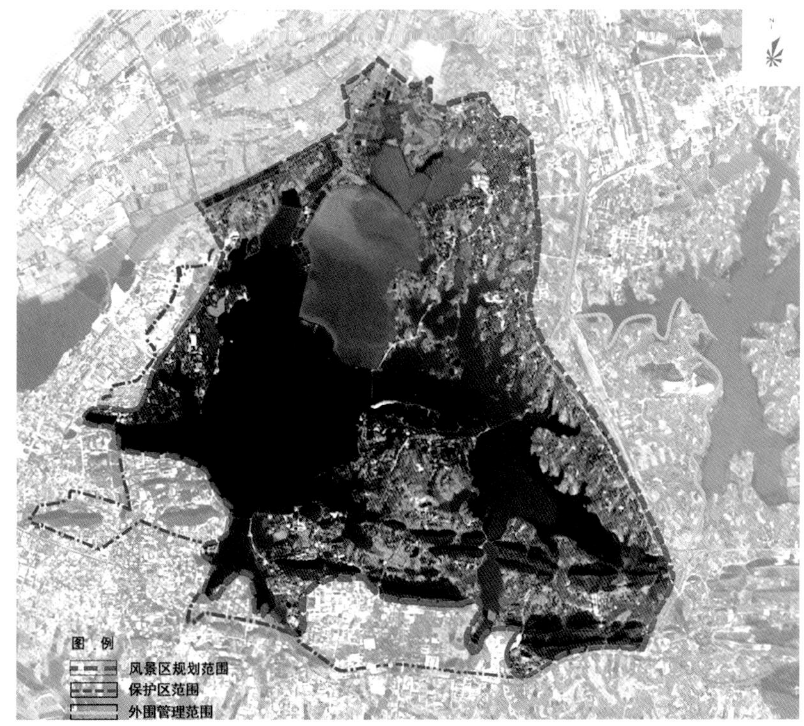

a

a 1995 年获批《武汉东湖风景名胜区总体规划》范围图
图片来源：根据 1995 年版《东湖风景区总规》绘制

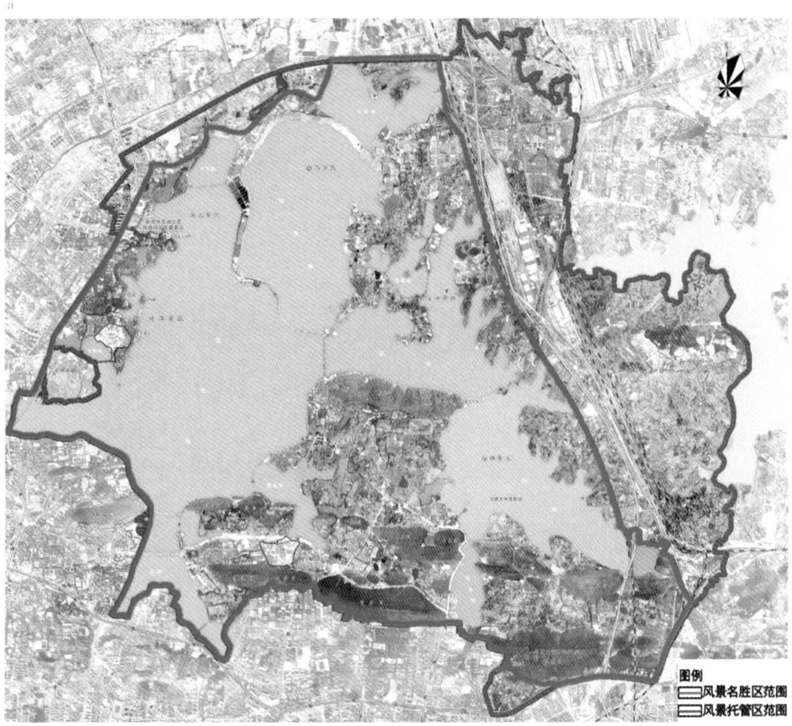

b

b 2011 年获批《武汉东湖风景名胜区总体规划》范围图
图片来源：根据 2011 年版《东湖风景区总规》绘制

图 3-2　东湖辽阔的自然湖泊水域

2. 自然资源与景观

东湖拥有广阔的水、山交映的自然本底（图3-2），基于此产生了丰富而完整的生态系统，作为城中型风景名胜区，以其资源丰度、规模尺度在全国具有独特的保护价值。"一围烟浪六十里"，山下有湖，水中有山，平原丘岗起伏变幻无穷。由郭郑湖、水果湖、汤菱湖、庙湖、雁窝湖、菱角湖、喻家湖构成的超大湖群，湖面平静，视野开阔；由磨山六峰、珞珈山、洪山、封都山、吹笛山及濒湖群山构成山峦风光；由小岛、岬湾和曲折幽深的湖岸线构成优美的湖面景观；还有由先月亭、烟浪亭、落雁岛、湖中堤、古树林、水杉林等构成的天景、地景、生景等秀美自然景观，形成了一幅极尽自然之美的大气秀丽山水图卷。

武汉解放初期，东湖只是武汉的一个城郊湖泊，水面虽广，地形起伏状态虽好，却景色荒芜。经过七十余年的辛勤建设培育，现已植物种类繁多（图3-3）。一方面，经过几十年的不断改善，逐步优化了磨山和马鞍山森林公园季相色彩，调节了磨山南坡、马鞍山、太渔山、风都山等山体中上部的马尾松林和柏木林的郁闭度，改善

图3-3 东湖风景区自然景观风貌

a 落雁景区薄雾笼罩的水杉林

b 马鞍山森林公园丰富的季相色彩 | 图片来源：陈丹妮 摄

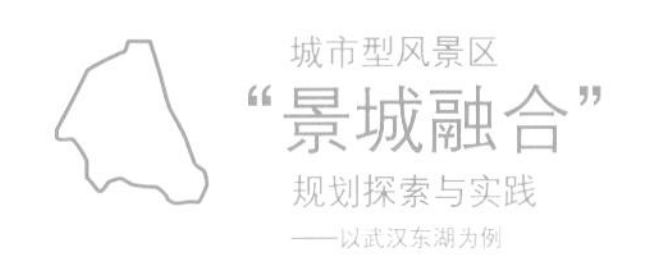

a 樱园盛景 | 图片来源：黄大头 摄

b 荷园盛景 | 图片来源：闵少宽 摄

图 3–4 东湖风景区内各类植物专类园

了东湖湿地植被，强化了区内池杉林、落羽杉林特色；另一方面，建起了梅园、牡丹园、樱花园、荷园等13个植物景观专类园（图3-4）。其中，国内外著名专类园如世界三大赏樱胜地之一的东湖樱园（1999年），中国四大梅园之一的东湖梅园（1978年），世界上规模最大、品种最全的荷花品种资源圃，江南牡丹第一园的东湖牡丹园等。同时还兴建了以展示湖北乡土树木花卉为主的植物专类园，如竹园、杜鹃园、桂花林、盆景园。如今的东湖已成为武汉地区有特色的植物科普观赏基地，彰显着东湖的自然美景，形成了冬有梅花傲雪，春有杜鹃争妍，夏有荷花凌水，秋有丹桂飘香，特色花园众多，园艺大观园景色突出，一年四季花开不停，赏花不断的盛景。

3. 社会民生

东湖风景区辖区范围内未完成改造的村庄（即景中村）包括10个完整

c 向日葵花海盛景|图片来源：廖晨阳 摄

d 植物园|图片来源：黄大头 摄

的行政村（含二渔场、九峰渔场）和白马洲村部分范围（部分位于风景区范围内，行政管辖在洪山区，还建安置于东湖新城），10个村分别为龚家岭、先锋村、湖光村（含二渔场）、新武东、滨湖村、建强村（含九峰渔场）、鼓架村、磨山村、桥梁村和马鞍山苗圃，总用地面积约22.28km^2，总人口约5.14万人，现状建筑面积约481.09万m^2。为了配合王青公路、三环线东段和东湖隧道等重大工程建设实施，已建设村民还建房82.4万m^2，用地面积57.31hm^2，分散布局在东湖东部地区、磨山桥梁片区以及吹笛片区[1]。

东湖风景区内原有居民人口毛密度约为2307人/km^2，约为西湖风景区4.6倍，较高的人口密度对风景区生态环境、景观风貌带来了极大的负面影响。目前风景区有限陆域空间资源中，约46%为景中村，村内仍以农业种植等第一产业为主，自发形成餐饮、垂钓、水上观

1. 武汉市规划研究院《东湖风景区景中村改造规划研究》。

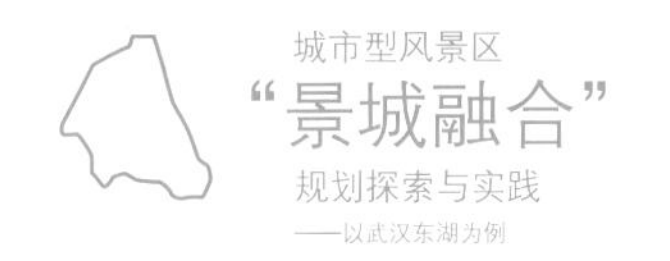

光等为主的低档次旅游或普通社区服务业集聚区，与国家级风景名胜区核心游赏功能配套要求存在较大差距。由于风景区内开发管控严格、改造资金平衡难、落地政策不足、村集体经济实力与治理能力均有限等问题，目前改造工作推进缓慢。

4. 旅游产业

自改革开放至2015年以前，东湖风景区一直是本地市民钟爱的城市公园，2011年至2016年东湖风景区旅游收入从2亿提升至4亿人民币，旅游人数从500万提升至780万人次/年[1]。尽管呈现稳步攀升趋势，但与国内其他热门风景区相比仍存在较大差距，如2015年国庆期间东湖接待游客超过50万人次/日，但仅为同期西湖游客量的1/6。

2017年以来，随着东湖绿道的建成开放，东湖风景区游客及旅游收入实现了快速跃升（图3-5）。2018年旅游收入为2016年的近两倍，旅游人数2049万人次/年[2]，约为2016年的2.7倍；2021年国庆期间，东湖风景区接待游客181.34万人次[3]，同期西湖风景区游客量243.64万人次[4]，东湖风景区与国内其他知名风景区游客接待量差距日益缩小，社会价值和经济价值快速激发。随着知名度快速提升及业态活动的持续注入，游客量、景点热度排行等常居武汉景点热度排行榜第一（表3-1、图3-6）。

2019~2021年武汉市10月3日主城区游客量排名前五景点情况　　表3-1

排名	2019年	2020年	2021年
TOP1	东湖生态旅游风景区	东湖生态旅游风景区	东湖生态旅游风景区
TOP2	汉口江滩	武汉园博园	汉口江滩
TOP3	武汉园博园	昙华林	武汉园博园
TOP4	汉阳江滩	汉口江滩	昙华林
TOP5	昙华林	武汉海昌极地海洋公园	汉阳江滩

3-5

图3-5　东湖绿道石拱桥

① 数据来源：东湖风景区文旅局统计数据。
② 数据来源：同①。
③ 数据来源：长江日报2021年10月8日文章《武汉旅游排名持续稳居全国前十》。
④ 数据来源：杭州日报2021年10月7日文章《西湖景区七天共接待游客243.64万人次！“最火”景点是》。

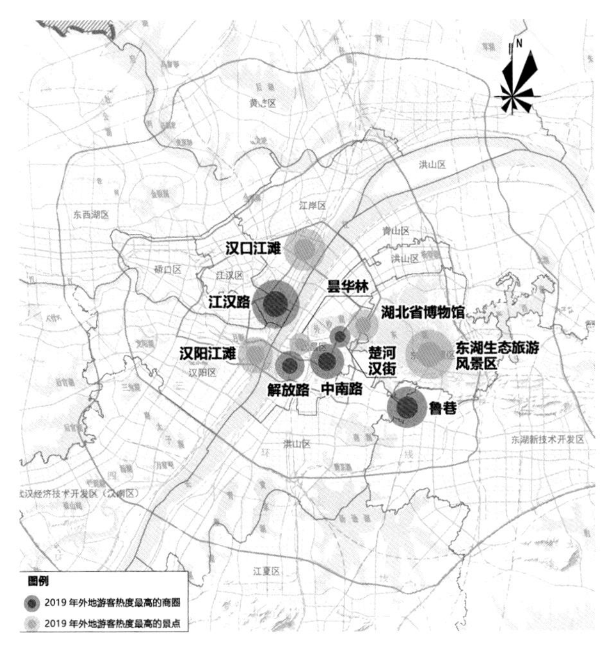

a 2019 年外地游客热度最高的商圈和景点

b 2020 年外地游客热度最高的商圈和景点

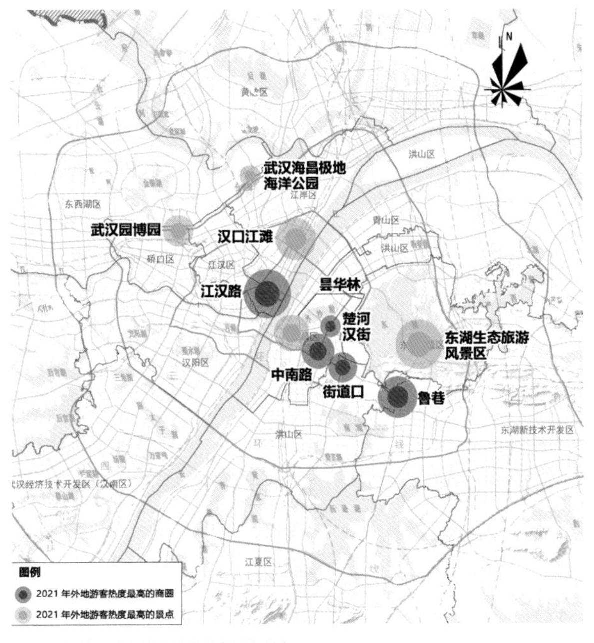

c 2021 年外地游客热度最高的商圈和景点

图 3-6　2019 ~ 2021 年武汉市 10 月 3 日主城区外地游客量排名前五景区分布图

二、发展历程

1. “海光农圃”的建设起步

（1）从野趣之地到私家园林

历史上东湖所属楚地，自古为郊野之地，风景区范围内除了有丰富的自然资源，还留下了不少历史传说和文化遗存。从唐代李白在放鹰台的“凭栏抒怀”，到刘禹锡虽屡次被贬但终究归于祥和的平静，直至宋代，东湖已经成了文人名士吟诗作赋、游玩尽兴之处。而王象之的《舆地纪胜》对东湖东园的描写以及袁说友的《游武昌东湖》，则从侧面反映出当时的东湖周边已经有局部开垦为园艺场所，供文人雅士游览观光的现象。到了元明清时期，由于深受孔儒理教熏陶的有识之士难堪异族主政的现实，纷纷退避山林湖滨，“隐居以求其志”的避世之风也从后期长春观等道教建筑群的相继建成中可见一斑。与此同时，作为传统东方园林艺术发展巅峰期的中国园林，在明清时期也由名士官宦和贵族商人，在东湖留下过卓有成就的园林作品，如康熙年间徐子星所筑东山小隐和明楚王府的“一梦缘”，不仅运用纯熟的园林技艺与东湖的湖光山色相映成趣，更留下了丰富的文化遗产。

清末直至新中国成立前，地方名士们逐渐注意到东湖的公众观赏游览价值。清末江南名士任桐宦游入鄂，看到东沙水系天然秀质，于是写下《沙湖志》，第一次系统地对东沙水系进行了风景体系的梳理，其明确的“沙湖十六景”中，对东湖周边的特色名胜也收入其中，包括“湖山第一”“桃溪”“清风洞”，还拟在磨山修建“重阳楼”，为后期东湖风景区游赏体系奠定了原始基础。与此同时，“曹家花园”和“夏家花园”等私家花园的建设也日益扩大了东湖的游赏知名度。

（2）城郊农圃与公园诞生

1930年，东湖作为城郊农圃，开始出现了局部建设。在众多私家花园之中，从小接受西式教育的上海商人周苍柏，在上海大规模营造城市公园的潮流影响下，也萌生了在武汉为普通市民打造游览场所的想法，作为拥有深厚农艺、园圃“情结”之人，其在东湖西侧（今听涛景区）征地约30公顷，运用景观和农艺相结合的手法建造海光农圃，希望一方面为市民提供健康休闲的去处，另一方面也是实行农业技术改革的实验基地，其中除大片区域种植粮食作物外还有果园、花圃甚至动物农场，颇有如今体验农业、采摘农产品的意味。如此思维超前的海光农圃也成

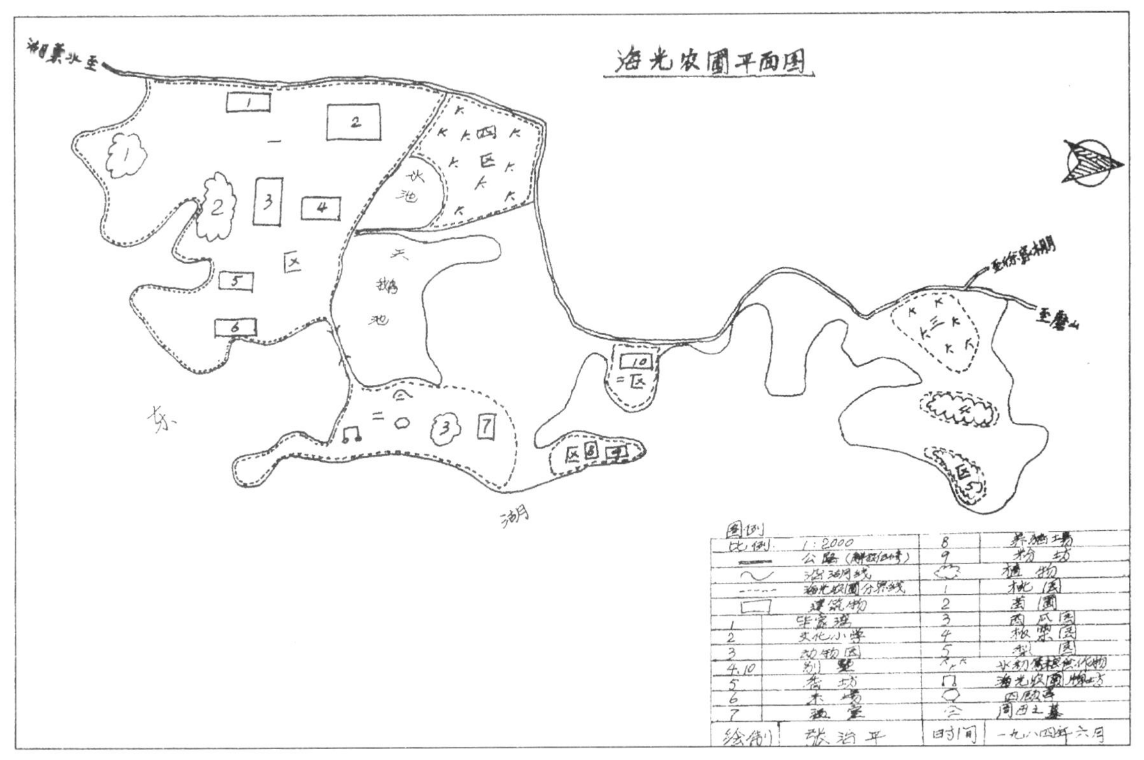

a 海光农圃范围示意图

图片来源：涂文学 . 东湖史话 [M]. 武汉：武汉出版社，2021.

b 海光农圃历史照片

图片来源：涂文学 . 东湖史话 [M]. 武汉：武汉出版社，2021.

图 3-7　海光农圃

了如今东湖风景区的前身。海光农圃建设有游泳池、游船码头、动物园等，为市民提供正当的娱乐场所，从此东湖具有了公园的功能（图3-7）。

（3）战乱后的东湖公园

在1935年，湖北政府特聘李范一为主任委员，设东湖建设委员会，集思广益，用心规划，计划建设东湖。1937年元月成立武昌市，东湖在其管理范围内。1938年10月～1945年9月，武汉沦陷后东湖惨遭践踏。总体而言，新中国成立以前的东湖地区，虽呈现从以农、牧、渔业等小农经济为主导到以园林、旅游为主的趋势，但囿于制度性缺陷、经济发展水平较低和动荡的局

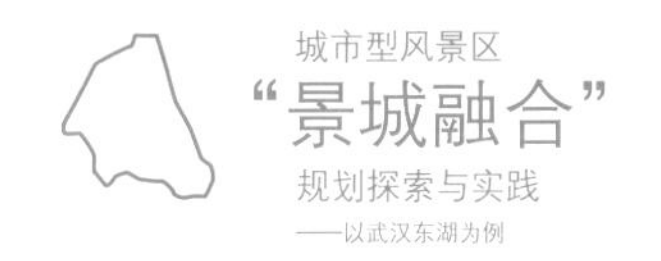

势，仍停留在少数特权、精英阶层的私人休闲场所的阶段，面向大众的旅游产业远未成型。

2. “百家割据”的无序蚕食

（1）新中国成立初期的重点建设

1949年5月16日武汉解放。周苍柏先生自愿把海光农圃交给国家，还联合贺横夫、杨志成等人向彼时行使地方管辖权的中南军政委员会[1]提出了“建设东湖公园、划定地区作为建设公园”的提案，根据周苍柏先生的要求，报请周恩来总理批准，复经中南军政委员会第二次会议决定，将“海光农圃”更名“东湖公园”，东湖风景区的建设迎来第一个高潮。

1950年12月，东湖公园改称东湖风景区，并成立东湖建设委员会，负责东湖风景区建设，将东湖周围三至五里地的范围化为风景区范围，风景区的建设管理体制由此初步确立。随后，风景区的建设受到党和国家领导人的关怀，“东湖暂让西湖好，今后将比西湖强”，在当时的时代背景下，东湖充分利用丰富的自然资源和优美风景，为市民提供了放松身心和休闲游憩的空间。

这段时间，风景区编制了一系列规划指导东湖十余年的发展。如1950年的《东湖风景区分期建设草案纲要》、1953年的《东湖风景区五年计划草案》、1956年的《东湖风景区总体规划草图说明》、1962年的《东湖风景区规划说明》等一系列奠基性的规划方案。其中，1953年的《东湖风景区五年计划草案》中提出了对东湖风景区各景区划分以及众多景点的建设，直接指导了近十年东湖中众多景点的快速建设；1956年的《东湖风景区总体规划草图说明》中提出在东湖风景区修建植物园、动物园、图书馆、博物馆、电影院、剧院、展览会堂、水上文化宫、儿童游乐园等公共服务设施，并对各场馆的规划提出了具体方案；在政府主导下，磨山小学、东湖医院、湖北省博物馆、武汉植物所（现中国科学院武汉植物研究所）等均在这一阶段建成，形成了东湖风景区最早期的公共服务设施。

（2）管理混乱导致发展受阻

由于当时风景区管理体制和对风景资源保护认识上的局限，1957年，东湖水面交水产局管理，后来又交洪山区管理。特别在1957年5月，武钢建青山江心泵站和武丰闸，青山港用作供水渠道，东湖与长江就此完全隔绝，此后东湖水质日渐下降。

① 中南军政委员会于1950年2月成立，是介于中央和省之间的一级政权机关，于1954年11月撤销。

1958年以后，受到时代背景影响，东湖风景区在城市发展中的定位为“其建设要为城市、为生产、为革命服务”，沿湖陆续建起70多家工厂企业以及11所医疗单位，湖滨居住人口达20多万，东湖周围大量围湖造田，围湖养殖，筑堤建路，湖堤分隔。从1966年到1977年的十年中，风景区建设基本停顿，仅限于修修补补，大量景点被企事业单位征用，土地分割现象严重，水面也被分割交给东湖养殖场、和平公社养殖场、九峰公社养殖场、洪山公社风光大队和渔光大队分别使用，城市开放性公共资源逐步转变为服务于部分群体，影响了景区的开放性和公共性。

“文革”十余年，东湖风景区旅游建设基本趋于停滞，尽管东湖风景区彼时仍承担着“扩大对外政治影响”的外事职能，但由于管理体系的破碎化，造成了“湖面分割、土地分家、管理混乱、景点占用”等一系列的问题，总体的建设成就仅停留在桥梁、道路和公厕等辅助性工程的维持上，东湖刚刚开启的拥抱市民进程呈现出停滞甚至倒退的现象。

3. “统筹管控”的制度始建

（1）国家重点风景名胜区正式建立

“文化大革命”结束后初步恢复的几年，该阶段一是将“文革”期间被分割占用的景点重新向大众开放，二是在市政府和风景区管理处组织下，重新对东湖风景区的规划管理进行部署，编制了《武汉市东湖风景区园林建设规划（草案）》及《东湖风景区总体规划说明（草案）》，随后在1979年邀请本地以及北京、上海、杭州等地的城市、园林规划领域专家编制了《东湖风景区1981 — 2000年规划建设说明》，随着地方政府的重视提高，东湖风景区的地位也在缓慢提升，1978年以后，东湖风景区的保护建设重新回到正轨。1978年武汉市多家科研机构和相关单位联合开展了东湖环境质量的调查。1979年国家城建总局召开的全国风景区第一次座谈会就将东湖列为国家重点风景区。面向大众旅游时代的东湖规划建设和旅游发展终于重新走上了正轨。1982年11月8日，东湖风景区被国务院列为首批国家重点风景名胜区。

（2）规划统筹引领作用初步显现

东湖风景名胜区成立之初，陆续开展部分景区规划或近期建设规划编制工作，主要包括：1984年东湖风景区管理处完成的《武汉东湖风景名胜区“七五”建设规划（草案）》《东湖风景区总体规划》（初稿）以及《东湖楚文化旅游区总体规划蓝图》等（图3-8）。

随着国家级风景名胜区法定规划编制体系的构建，1992年由东湖风景区管理局委托，同济大学风景科学研究所编制第一版《东湖风景名胜区总体规划》，1995年经国务院同意，获建设部正式批复。与以往历次规划相比，此次规划有很多特点："正好遇上我国进一步扩大改革开放，进一步搞活经济这一时机"[①]，规划提出怎样适应新的形势、树立新的观念、增添新的内容三个问题，并首次涉及风景区内土地开发问题，提出了通过"抓住改革开放的有利时机，坚持风景资源有偿使用的原则"[②]，"建立东湖风景区本身的'造血功能'，开创风景区经营体系的新局面，使东湖风景区的开发、建设、保护和管理进入良性循环"[③]，以及"坚持要求落实国务院有关文件，实行风景区管理局对区内所有单位的行政管理权，为东湖风景区的保护、建设、开发工作服务"[④]。为此，该规划中增添和充实了土地经营、经济发展、行政管理等方面的新内容，并在修编人员配备上，相应增加了绿化、环保、土地、经济、管理等方面的专业人员。

图3-8　20世纪80年代建成时的楚城

3-8

① 上海同济大学风景科学研究所、武汉市东湖风景区管理局1995年版《东湖风景区总规》。
②～④ 同①。

（3）景城协调发展关系初步明晰

早在1982年国务院〔82〕国函字93号文件批复的《武汉市城市总体规划》中就指出“东湖自然风景区要划定范围，任何单位不得占用陆域和水面，切实防治水质污染”。东湖风景区之于武汉市一直具有重要地位。

在1995年版《东湖风景区总规》中就始终坚持着景区与周边城市区域紧密结合，保护与发展并重的思路，即强调该规划“与武汉市城市总体规划互相补充、互相依存，成为武汉市城市总体规划中具有特殊地位的一部分”[1]，并提出“把旅游事业当作风景区事业的一个重要组成部分，与湖北省、武汉市旅游发展战略相呼应，立足东湖，搞好东湖风景区的旅游，使之成为武汉市旅游事业的龙头，振兴武汉旅游事业”[2]。通过该规划对风景区外围保护区范围的划定和管控规定，进一步将东湖风景区及周边的区域的景观保护要求进行了统筹协调。主要包括“外围保护区山峰上原则上不得有建筑物，以保证东湖风景环境中的绿色景观”[3]，以及“东湖风景区周围要建造高层建筑，须经过东湖风景区管理局召集专家论证，确定其没有‘压景’‘夺景’的影响，才能动工建造”等。

4. “湖城相依”的建设蝶变

（1）山水园林城市与东湖景观综合整治

1997年召开的武汉市第九次党代会提出“推进环境创新”“创建山水园林城市”，城市建设开始重点关注城市绿化和生态环境质量，这一战略思想一直延续到2000年后的很长一段时间。1998年武汉抗洪抢险取得胜利后，开展了“山水园林城市规划”，并依次建设了汉口江滩以及一批广场、公园，启动了第一轮城市综合整治工作，其中就包括开展了东湖风景区整治。2000年后，武汉主城区内实施“显山透绿”工程及东湖生态水网构建等工程，东湖风景区的建设达到了空前水平，环湖路景观建设、梨园广场建设、落雁景区建设，以及环郭郑湖的整体策划等一系列景观整治工程均在那一时期开展，《东湖环湖景观建设规划》《东湖落雁景区控制性详细规划》《武汉东湖生态旅游风景区近期建设规划》等一系列风景区建设规划为东湖景观风貌的日新月异助力[1]（图3-9）。

（2）城郊型风景区向城中型风景区的快速转型

2007年，随着城市的迅速扩张，东湖风景区正处于由城郊型风景区向城中型风景

①上海同济大学风景科学研究所，武汉市东湖风景区管理局1995年版《东湖风景区总规》。
②～③同①。
④武汉市规划研究院．远见：武汉规划40年[M].北京：中国建筑工业出版社，2019.

3–9

图 3-9　改造后的楚天台景点
图片来源：宁波 摄

区的转型时期，凸显出一系列亟待解决的矛盾与问题。此时，市委、市政府作出了加快东湖风景区建设步伐的战略决策。为有效解决风景区保护与发展的关系，促进风景区整体功能的完善与提升，编制完成《东湖生态旅游风景区近期建设规划》，从中观层面对“城”“湖”关系进行了积极的探索。规划借鉴了大量国内外优秀湖泊型景区的发展经验，对东湖风景区的功能提升、交通组织、生态培育、景观优化、旅游配套等重大问题进行了系统性研究，提出了城中型风景区的发展模式，确定了风景区近期建设策略，审慎地提出了近期建设的项目和方案，为城中型风景区的规划建设提供了有益的参考模式，也为促进风景区环境效益、社会效益与经济效益的有效提升起到了积极的推动作用。在该规划中首次提出围绕18公里环湖路，串联听涛、磨山、落雁三大景区及若干景观节点，打造游憩圈、生态圈、绿色交通圈“三圈合一”的景观游憩路，这也为10年后东湖绿道的规划建设提供了支撑。

（3）经济、文化、社会等全面推进

景区建设方面，2010年前后风景区提出“以项目建设为载体，以绩效管理为重点，全面推进景区经济建设、政治建设、文化建设和社会建设”的发展思路，东湖进入“上项目、强管理、增实力”[1]的景区全面建设阶段。在市政府的高度重视下，调动全市相关部门的力量，启动并实施了一批景区建设项目：2009年武汉华侨城欢乐谷项目落户东湖，对东湖风景区北部的发展起到了强有力的推动作用；梅花节、樱花节、牡丹花会、九峰山花节、端午文化节等一系列节事活动的举办进一步丰富了风景区旅游产品和文化影响力。景点建设方面，充分挖掘景区人文内涵，完成了听涛天然游泳场、听涛景区南部园区的苍柏园等新景点建设，并实施了听涛景区中部园区的行吟阁、亚洲棋苑，以及磨山景区的梅园码头、楚天台景点、楚城等老景点的修缮，均极大地推动了风景区游览设施品质和服务水平。

公共服务方面，随着城市发展，风景区沿岸非景区功能用地逐步腾退，原工厂、部队、单位的内部医院、学校等服务设施或一并腾退，或转变为面向公众开放的普惠性服务设施。目前，风景区配套服务设施日趋完善，东湖公共卫生综合服务中心、青王路消防站等公益服务设施正在实施，进一步保障了风景区内居民的日常生活。

景区水环境治理方面，实施了官桥湖截污工程，有效遏制官桥湖湖水恶化势头。同时，随着武（汉）广（州）高速铁路、地铁编组站、三环线东段（青化路 — 老武黄公路）工程、轨道交通四号线一期工程、八一路延长线等风景区周边重点城市交通市政工程的实施，景中村搬迁还建工作也得到进一步推动。

[1] 武汉市统计局．武汉统计年鉴（2010年）[M]．北京：中国统计出版社，2010.

5 “城市绿心”的未来畅想

(1) 第二轮风景区总体规划引导风景区发展新格局

2010年前后，随着武汉市进入全面深化改革新时代，内外部环境发生很大的变化，城市发展对风景名胜区建设和保护提出了更高的要求，风景名胜区自身发展也面临着日益复杂的矛盾和冲突。从城市整体发展格局来看，在2010年版《武汉市城市总体规划》中提出了“两轴两环，六楔入城”的生态框架格局，作为六大生态绿楔之一的大东湖生态绿楔是城市东部重要的生态空间，东湖风景区作为其中最重要的功能组成部分，对塑造城市整体生态环境及建立城市的生态廊道和城市风道起到了不可忽视的作用。从东湖自身建设来看，虽然东湖风景名胜区面积很大，但在当时还有50%的水面和71%的陆地面积没有完善的景区建设。

在已开发的项目中，游赏项目比较单一，主要还是以游览观光项目为主。在此背景下，东湖风景区开展了第二轮风景区总体规划的编制，明确了风景区规划性质为“以大型自然湖泊为核心，湖光山色为特色，旅游观光、休闲度假、科普教育为主要功能的国家级风景名胜区”；提出了“打造成具有国际影响力的生态风景名胜区和城中自然湖泊型旅游胜地，国家湿地生态系统保护、恢复、建设的重要示范基地和浓郁的楚文化特色游览胜地，强化水主题，突出东湖水域特色，创造生态东湖、文化东湖、欢乐东湖新形象”的总体目标；形成了“城

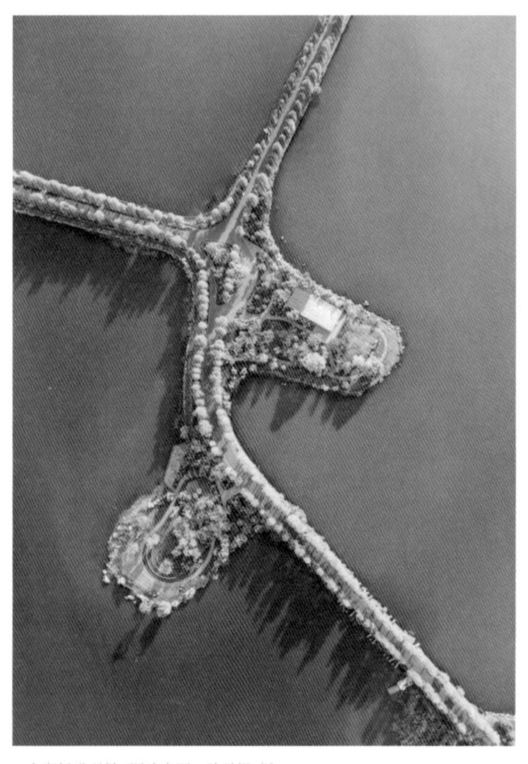

a 东湖绿道夏景|图片来源：陈丹妮 摄

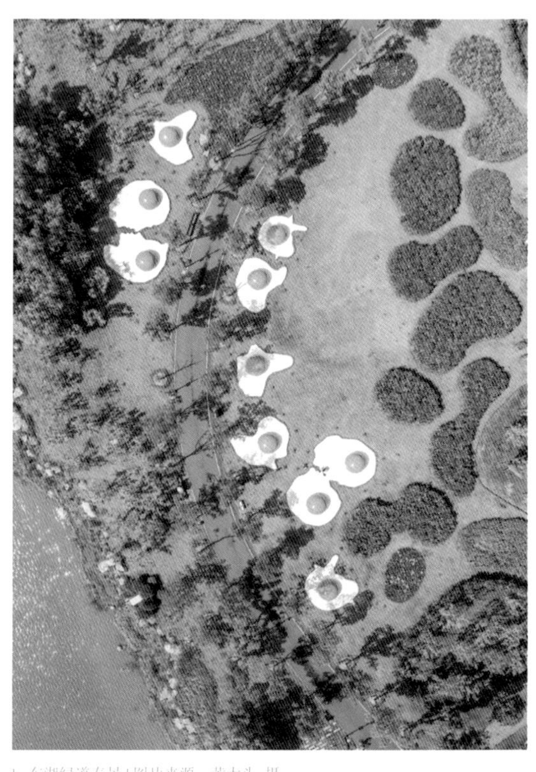

b 东湖绿道春景|图片来源：黄大头 摄

湖共生，水绿交融”的大格局和五大功能区、八大景区的空间结构。2011年版《东湖风景区总规》获批后，风景区各项建设均严格遵循该规划开展，东湖风景区的发展步入快车道。

（2）东湖绿道建设实施展开东湖山水新画卷

2014年，武汉市委、市政府提出“让城市安静下来”等城建新理念，各项城市建设更加注重城市品质和市民需求。在此背景下，2015年着手开展《武汉东湖绿道系统暨环东湖路绿道实施规划》的编制，以期通过东湖绿道的建设，引领湖泊休闲新生活。东湖绿道规划通过对东湖岸线的整治和环湖绿道系统的构建，使人们可以充分亲近东湖山水环境，同时通过对景城功能的策划、内外交通的梳理、游赏体验的激发以及旅游服务设施的全面扩容，全面提升了东湖风景区的自然环境和游赏品质。目前，东湖102km绿道、31处驿站全面建成，串联起东湖磨山、听涛、落雁、渔光、喻家湖五大景区，由湖中道、湖山道、磨山道、郊野道、听涛道、森林道、白马道主题绿道组成，游径主题鲜明，各具特色，满足不同人群的需求（图3-10）。

图3-10 东湖绿道实景

c 东湖绿道秋景Ⅰ图片来源：黄大头 摄

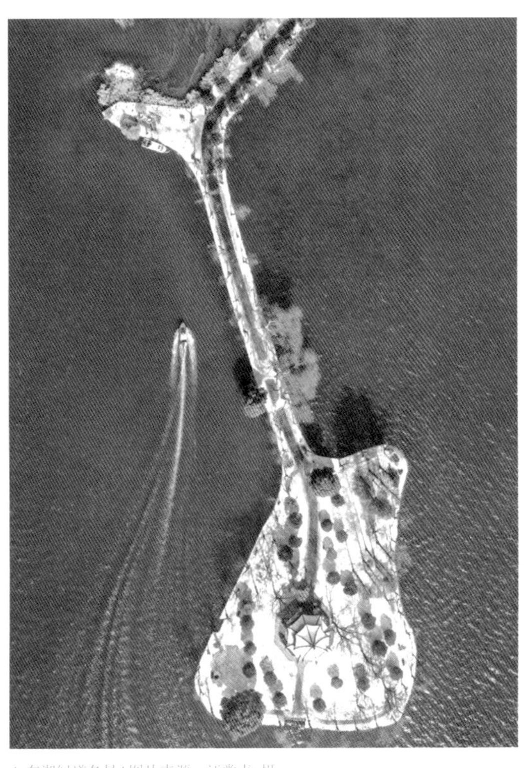

d 东湖绿道冬景Ⅰ图片来源：汪常青 摄

（3）东湖绿心助推湖城品质提升

2017年武汉市提出东湖城市生态绿心建设，进一步将生态公共空间与城市发展关系进行了考量，并成为助推东湖绿色发展和城市功能品质提升的重要举措。

随着东湖风景区景观、环境、功能的不断优化，人们可以在中心城区近距离感受东湖丰富的自然生态资源，享受大自然带来的愉悦体验；东湖也因此迎来了外交、体育等方面的国际级重大事件，逐步成为具有世界影响力的湖泊风景区。

三、城市型风景区规划建设的核心关注点

1. 景区生态资源的统筹保护

随着东湖绿道建成，开敞空间需求激增，人们在享受东湖山水美景的同时，也带来风景区节假日游客量暴增，根据东湖风景区官方数据统计，2016年绿道一期建成前，东湖年游客量为780万人，绿道建成后的2017年、2019年、2021年，分别达到1285万人、2359万人、2152万人，接待游客量均远超2011年版《东湖风景区总规》中预测的至2025年900万人次/年，由此带来景区环境承载新的压力。同时，随着国家生态文明战略的逐步推进，按照构建以国家公园为主体的自然保护地体系、统筹山水林田湖草系统治理、着眼河湖流域综合整治等系统性要求，应在科学合理地确定风景区环境容量的基础上，以系统思维进一步对风景区自然要素、生态环境提出保护和利用整体提升的建议。

2. 功能空间结构的区域协调

东湖风景区70余年的发展过程中，随着城市的不断扩张，城区向东部推进，促使东湖从过去的“城郊湖”转变为“城中湖”。尽管东湖内部已经拥有了世界级的绿道，但城市与东湖之间在交通、景观、功能等方面仍存在着历史的割裂，东湖除了自身品质不断提高，还需要与城市更好地融合，形成一体化的高质量发展格局。从历轮总规以及东湖相关规划来看，多强调景区功能定位的转变以及风景区自身的优化，缺乏与城市功能互促共融的策略。通过优化景区内部服务设施水平来提升吸引力往往只是景区快速发展的初级阶段，以持续提升景区吸引力为导向的城区功能重组和空间再造，形成高品质的城景互动模式，才是打造世界级旅游目的地、可持续推动城市功能转型升级的必由之路。因此，风景区规划还需加强景城互促相关研究。

3. 适应需求变化的产业培育

随着人们休闲、游憩需求日益增强，城市功能也由传统的城市空间延伸至生态空间，以山水资源为核心的东湖生态旅游风景区需要在生态保护的基础上，成为满足新需求、促进城市功能品质提升的新空间载体。越来越多的城市也在探索实践城市生态空间的功能建设，例如上海通过大力推进郊野公园建设实现生态宜居城市目标，成都以公园城市建设推动城市品质进一步提升，广东省通过绿道网建设串联全省人文、地理、生态景观，为市民提供丰富的休闲空间。因此，统筹生态、旅游、景中村建设等多元功能，培育适宜风景区的新功能、新业态，利用优质山水生态资源，为人民提供更多休闲游憩空间成为当下以风景区为核心的生态空间规划新任务。

4. 优质景观资源的特色彰显

东湖风景区自然资源丰富，拥有山林、湖泊、湿地、田园等不同的自然景观，同时随着休闲文化类企业投资东湖热情高涨，时见鹿书店、大李村微改造、杉美术馆等一批符合现代审美要求的建设项目相继在东湖落成，成为网红打卡地。接下来需要更深入地研究东湖自然山水、历史人文、新旧建筑等风貌要素，提出各类要素的特色定位，并对风景区形态格局、特色要素空间载体进行总结提炼，对风景区塑造显山露水、自然景观和文化景观融合的特色风貌塑造进行探索。

5. 本地民生品质的持续保障

由于历史原因，风景区内目前还有46%的陆域空间为未完成改造的景中村，此类空间一方面承载原有居民生产生活，另一方面也承载着未来景区功能品质的提升。因此，继续探索景中村改造的模式和土地利用路径，按照景村共生共荣、共建共享的一体化发展思路，建立公共服务配套体系，并提出村湾环境综合治理、“一村一产”的景中村产业特色等方面建议，是风景区保障和改善民生品质，提升社会治理水平的重要方向。

第四章 4

贯彻新理念、适应新形势：大东湖空间体系的保与优

一、东湖风景区空间发展策略演变及成效

1. 空间结构：从单核发展到区域网络

东湖风景区空间发展顺应了武汉城市空间拓展规律，随着武汉城市“沿江发展 — 轴向扩展 — 圈层发展”的脉络，经历了“城郊湖 — 城边湖 — 城中湖”的转变历程，东湖风景区与城市空间关系呈现“独立发展 — 协调发展 — 区域融合发展”的空间特征。20世纪50 ~ 70年代，武汉主城建设区主要沿长江两岸延伸，东湖作为城郊湖，功能定位为城郊公园，景区内部相对独立发展；20世纪70 ~ 90年代，主城建设区沿城市主干道轴向扩展与

填充，东湖风景区西部区域与城市空间距离不断缩小，并受城市扩张影响，呈现协调发展格局，东湖功能由城郊公园转变为城市公园；20世纪90年代以后，随着武汉各类开发区的设立与飞速发展，主城建设区向外呈圈层扩张，东湖逐步演变为城中湖，并带动东湖东部区域发展，初步形成区域融合发展的空间格局（图4-1）。

（1）建设初期单核心发展

东湖公园改称东湖风景区后，开启了景区第一轮建设高潮，主要集中于东湖西北岸的听涛景区，呈现单核心发展态势，建成了以屈子文化为核心内容的

图4–1　城湖融合鸟瞰图

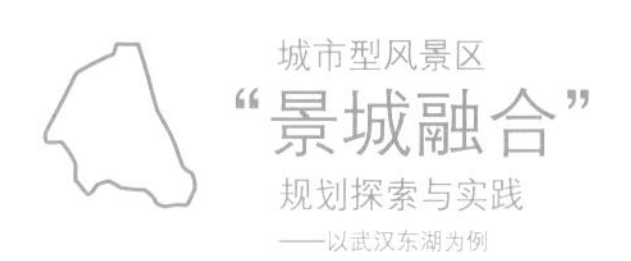

4-2

图 4-2　东湖风景区第一轮建设高潮时期建成的主要文化景点

系列景点，包括行吟阁、屈原纪念馆、屈原塑像、桔颂亭、沧浪亭、荷风桥、听涛轩、长天楼、濒湖画廊、多景台、先月亭、可竹轩等，听涛景区也逐渐成为武汉最热门的旅游目的地（图4-2）。

（2）建设中期多点非均衡发展

改革开放后，东湖风景区成功入围首批“国家重点风景名胜区”，进入第二轮建设高潮。该时期建设以磨山为重点，以楚文化为特色，先后建成楚市、楚城、楚天台、楚才园等景点，初步形成了楚文化旅游区，并于1985年对外正式开放。磨山楚城的建设打破了景区开发的非均衡格局，也为景区注入了文化、休闲功能，形成磨山 — 听涛双核联动趋势。

（3）景城协调发展规划探索

1995年版《东湖风景区总规》，将构建东湖保护、开发、建设的良性经营循环体系作为工作重点，充分考虑风景区与城市界面的过渡衔接，分为规划管理区、景点保护区及外围控制地带。规划管理区根据现状建设又分为风景名胜游览区、康复旅游区、服务接待区、别墅度假区、行政管理区和职工生活区。风景名胜游览区作为东湖风景区最重要的组成部分，总体规划强调水陆并重，划定保障每个景区既有陆域游览范围，又有一定的水上活动区域，按照便于组织浏览路线的原则，规划布局了听涛、磨山、落雁、吹笛和白马5个浏览景区，并通过一条游览主线将景区进行串联，形成“动观 — 静赏 — 参与 — 休憩”的空间结构特点（图4-3）。

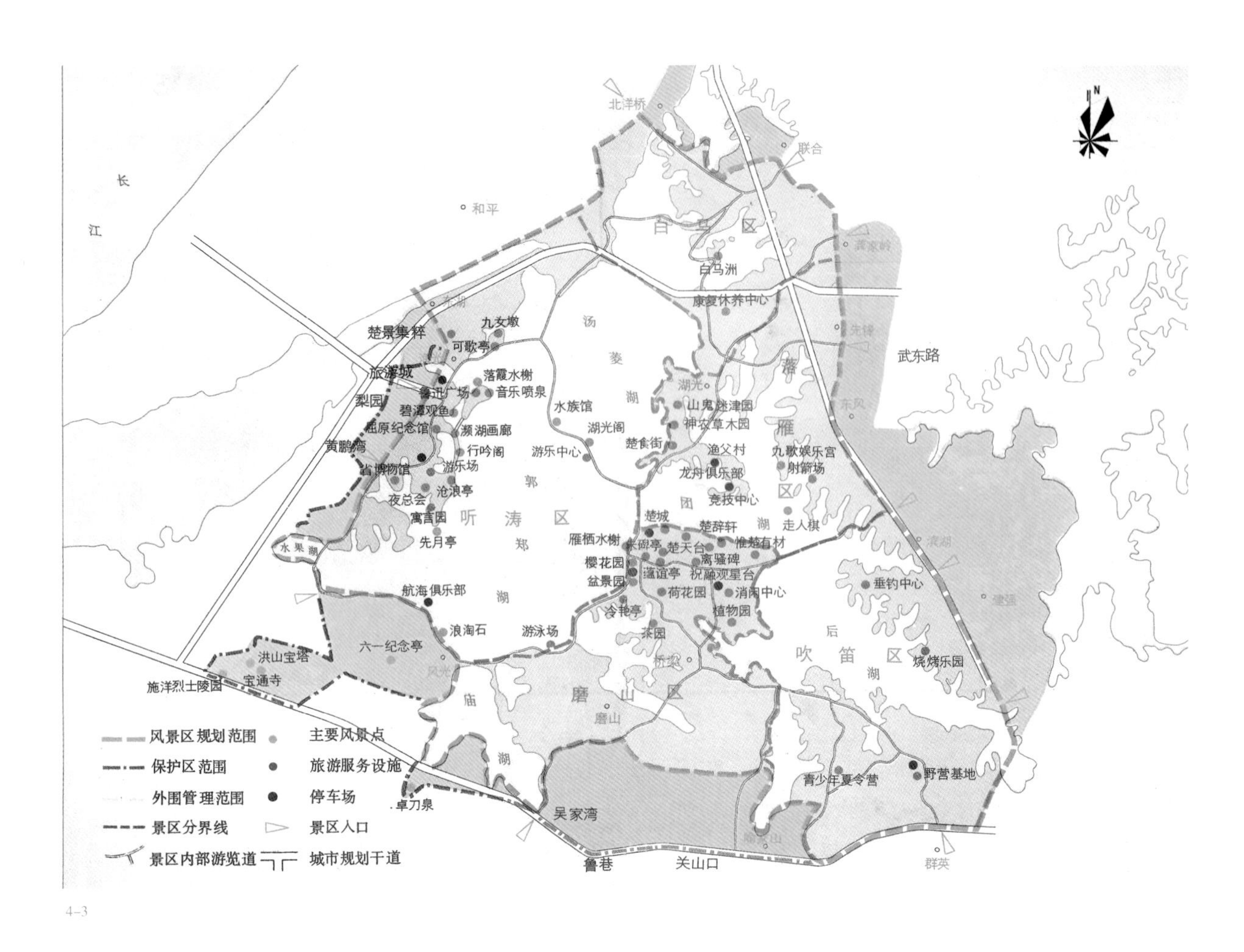

4-3

图 4-3　1995 年版《东湖风景区总规》管理区、保护区及外围控制地带规划图

图片来源：上海同济大学风景科学研究所、武汉市东湖风景区管理局《武汉东湖风景名胜区总体规划》（1995 年版）

（4）东湖东进区域协调发展

21 世纪初，随着城市建设高潮来临，武汉城区由“夹江”发展为“环湖”发展，东湖从“城郊湖”转变为“城中湖”。为应对城市空间快速扩张，在新一轮武汉城市总体规划中，提出将利用城市自然的江河湖泊格局和生态绿楔的隔离作用，构建轴向延展、组团布局的城镇空间，形成“以主城区为核、多轴多心”的开放式空间结构，东湖及东湖东部区域定位为城市东部生态廊道和城市风道。

为更好促进东湖与东湖东部地区协调发展，在 2011 年版《东湖风景区总规》修编中，首次提出“东湖东进”的区域协调思想，构建以东湖风景名胜区为核心，包括东边严西湖、严东湖地区，总面积 210km^2 的大东湖生态旅游风景区，自西向东呈“景区—过渡区—生态区”渐变发展的格局。西部为东湖风景名胜区，以“科学规划、统一管理、严格保护、永续利用”为原则，指导风景区的规划建设。中部为综合利用区（武广铁路以东地区），合理开发利用，达到风景区建设资金平衡，

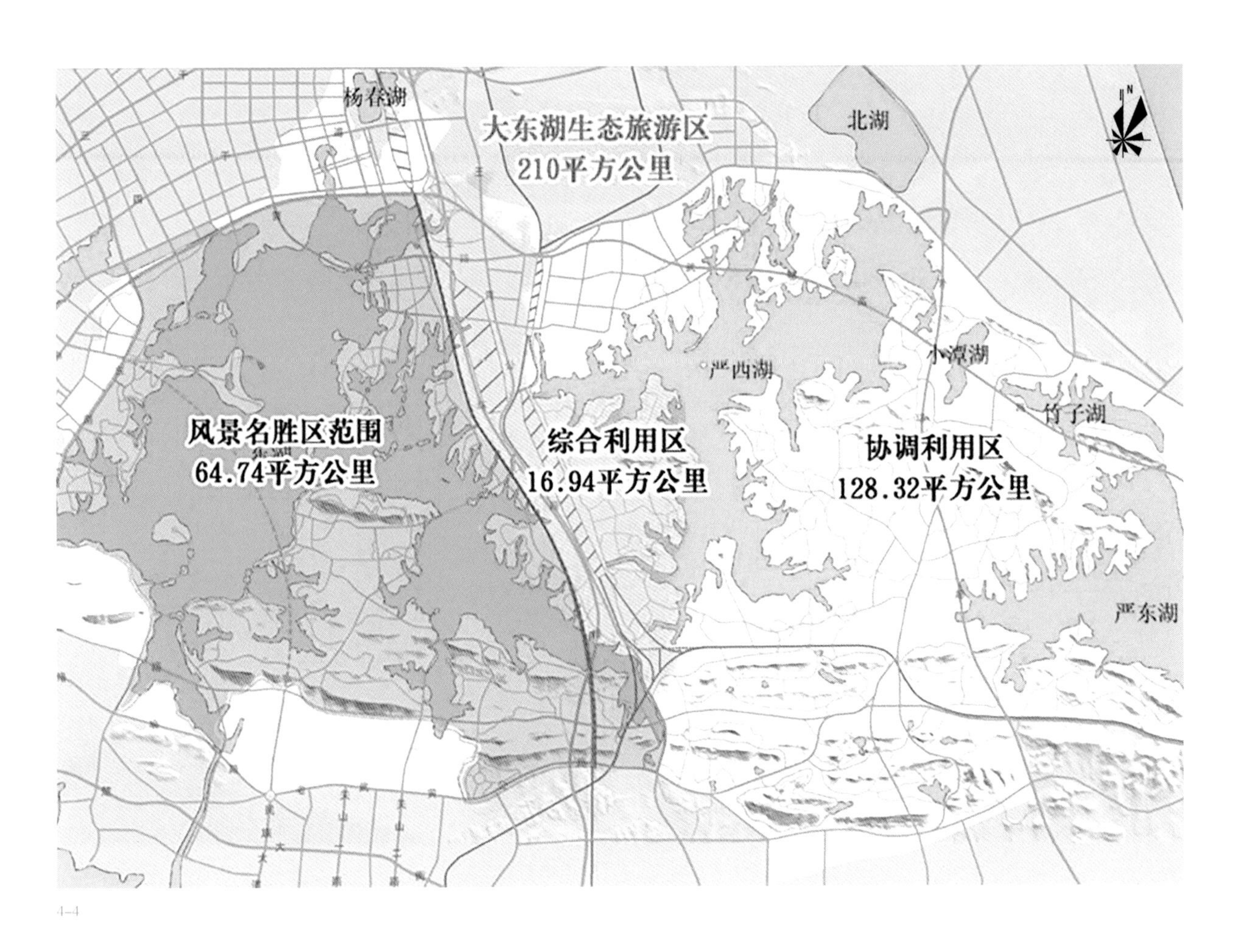

4-4

图4-4　2011年版《东湖风景区总规》东湖东进区域协调发展示意图
图片来源：上海同济城市规划设计研究院、武汉市规划研究院《武汉东湖风景名胜区总体规划（2011—2025年）》

解决居民创业与就业。东部是协调利用区（严西湖和严东湖地区），形成城市最大的“绿楔”，成为武汉东部的生态实践区（图4-4）。

（5）东湖风景区网络空间格局

按照2011年版《东湖风景区总规》，构建了“指状”结构形态，形成以核心湖面郭郑湖为“掌心”，以各景区和功能区为“手指”的放射状形态，构成点、线、面、体网络化空间格局。景区范围内通过水岸游憩、水上运动、湖泊观光、生物科考等线性要素将旅游景点和服务点进行串联，形成各具特色的空间区域，包括风景游览区域、休闲活动区域、自然景观区域和旅游服务区域，强化风景游赏体系、旅游设施体系构建。在1995年版《东湖风景区总规》规划5个景区的基础上，依据实际建设情况，在突出景区特色、各景区面积尽量保持均衡的原则下重新划分为八大景区，分别为听涛景区、渔光景区、白马景区、落雁景区、后湖景区、吹笛景区、磨山景区

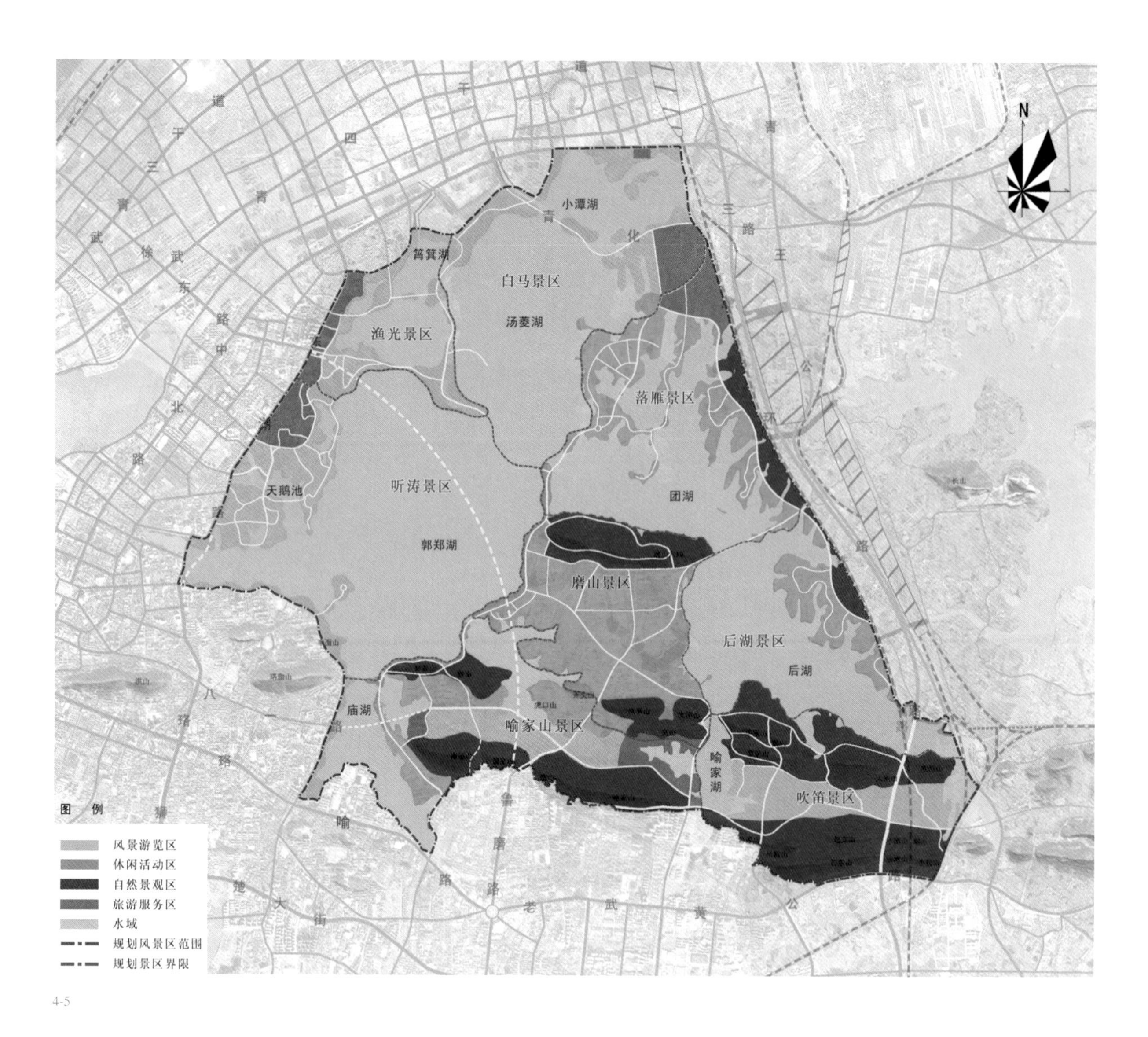

4-5

图 4-5　2011 年版《东湖风景区总规》功能布局规划图
图片来源：同图 4-4

和喻家山景区。在风景区总体规划引导下，景区绿道游线、慢行游线将东湖风景区景点密织成网，形成山林、湖泊、花卉等多层次风景游赏体系，绿道驿站、景区服务区等覆盖全域的旅游设施体系，风景区网络空间格局初显（图4-5）。

（6）景城融合新格局

近年来，东湖风景区围绕“打造世界级城中湖典范”的发展目标，在完善景区内功能同时，按照“大湖+”的理念促进东湖和周边城市功能区协调发展。东湖风景区通过东进、南融、西显、北联策略有效促进景城一体化发展。东边东湖托管区以“旅游+艺术”为主题，借鉴北戴河阿那亚、成都麓湖发展经验，引入知名文旅知识产权（IP），导入艺术文旅、社区生态等功能，补充完善东湖风景区配套功能。南边适度依托高校、院所、创新园区等科创资源，在东湖南边建立生态科创走廊，缝合东湖与高校、东湖自主创新示范区之间的联系。西边完善湖北省博物馆、湖北省美术馆群，提升东湖路以西可改造地块功能，加强东湖与中心城区在文化、交通、开敞空间的联系度。北边充分利用邻近杨春湖高铁站的区位优势，通过完善的交通换乘体系加大东湖对外联系便捷度。东湖风景区初步形成邻近周边圈层式景城融合发展格局。

2. 功能布局：从功能单一到多元发展

(1) 景区内功能多元化演化

◎ 农林郊野的单一功能构筑景区优良生态本底

东湖风景区成立之初，景区功能较为单一，从作为景区起源之地的“海光农圃”名称可见，当时的东湖风景区仍主要承担农业生产功能，兼有少量郊野游憩作用。一方面是因为该时期东湖风景区位于城市近郊，听涛片区虽有部分城市公园作用，但仍为郊野风貌；与城区隔湖相望的白马、落雁片区，受交通条件限制更是呈现典型的乡村空间特征，景区内土地与水面仍作为原住居民生活的主要来源，自给自足的小规模农业种植、渔业和水产养殖成为该地区的主要功能。另一方面，东湖风景区南部的吹笛、磨山片区，兼有辽阔的水域和丰富的山林资源，虽未曾开展专门的生态保护工作，但该片区顺其自然地承担了城市生态保育功能（图4-6）。

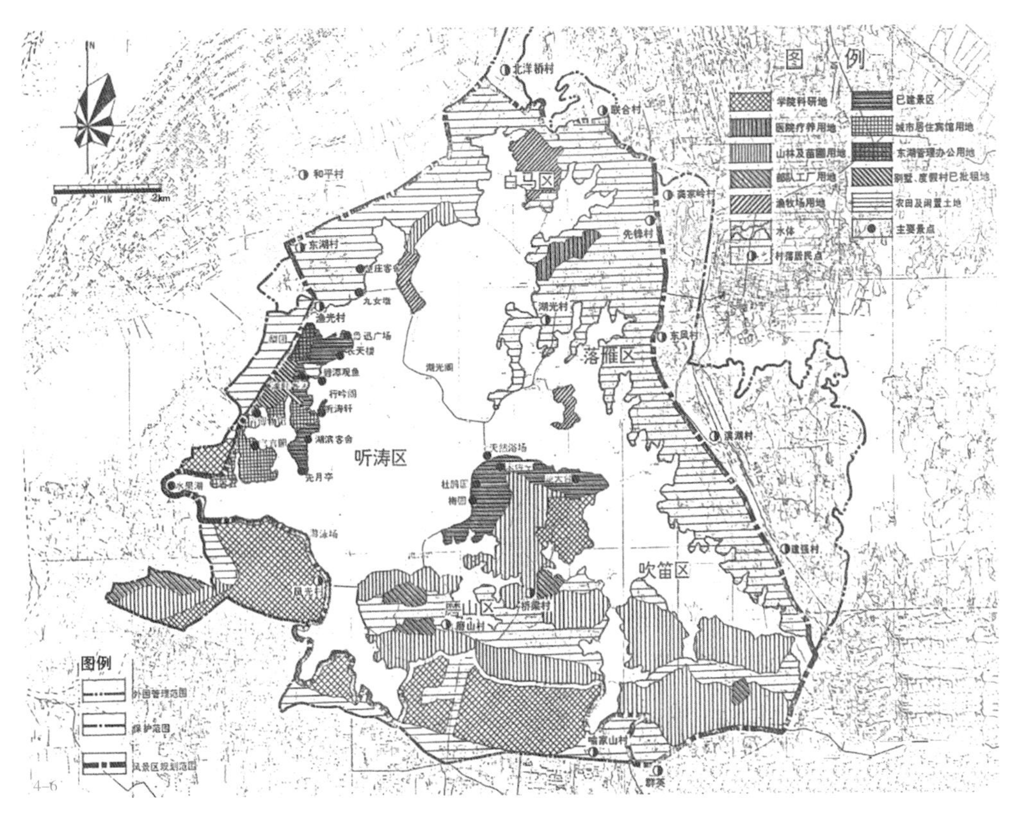

图4-6　1995年版《东湖风景区总规》风景区用地现状图

图片来源：同图4-2

◎ **改革开放推动景区休闲游憩功能的系统布局**

20世纪80～90年代，在改革开放的时代背景下，武汉城市建设持续加速，随着城市建设区不断扩大，东湖风景区在空间上与城市逐渐连接，游客到景区游玩的便利性随之增加，景区休闲游憩功能不断增强。1995年版《东湖风景区总规》充分考虑了这一趋势变化，对景区休闲游憩功能的提升首次进行了系统谋划，规划结合自然资源特征，明确了听涛、磨山、落雁、吹笛、白马五大景区功能分区的差异化布局。

其中，听涛景区在已形成城市公园格局的基础上，充分利用开阔湖面，重点发展水上游乐活动，布局了水上游乐中心、水上体育表演、水族馆、游乐场等休闲游憩设施。磨山景区在磨山北麓，布局楚城、楚市等旅游服务设施，提升了旅游服务功能，并托植物园的资源优势，建成梅花、荷花研究中心以及花卉盆景园等植物专类园区。考虑到磨山临湖六峰是东湖湖光山色自然风景特色的最佳体现区域，从风景区环境容量控制的要求出发，规划提出了将一部分楚地民俗娱乐功能布局在落雁景区，依托区内蜿蜒曲折的湖岸、优美的自然环境建设楚天娱乐区、楚风服务区、楚地风情区，与磨山景区共同形成内容丰富、完整的楚文化旅游区。吹笛景区布局以山林野趣和田园风光为特色的休闲游憩功能区，策划利用打靶场开展野营娱乐等活动，丰富了东湖南部区域休闲游憩功能。白马景区以康复旅游、健身修养为主，依托小潭湖中心岛规划建设白马洲游览中心，配套亭台楼榭、茶室等设施，提升了东湖北部区域旅游服务的品质。

◎ **城市快速发展促进景区多元功能提升**

进入21世纪，伴随着城镇化快速发展，东湖风景区旅游服务功能配套不断完善。听涛景区在生态资源保护利用的基础上，突出了东湖风景区的门户形象功能，湖北省博物馆在原陈列楼的基础上，建成开放编钟馆、楚文化馆；毗邻省博物馆新建湖北省艺术馆、东湖国际会议中心等文化设施，打造东湖风景区集休闲游憩、旅游度假、商务会务等功能于一体的城市休闲旅游综合片区，成为大众娱乐、文化体验的新平台，进一步提升了东湖文化旅游的吸引力。

与此同时，受到城市快速扩张的影响，风景区内的风景资源保护也面临了巨大压力。为了对东湖风景区实施有效保护，2011年版《东湖风景区总规》强调了保护优先的原则，对用地功能结构进行优化，科学谋划景区用地功能布局。规划首先确保风景区生态用地面积占比达到总面积的82.28%，其中水域占比为53.28%，风景游赏用地和林地分别占比为19%和10%，较规划基期年有较大程度的提升。陆域建设用地中，主要以游览设施用地、交通工程用地为主，分别占比6%、4.5%；规划考虑到景区与城市的联动发展，进一步完善了景区配套设施建设，游览设施用

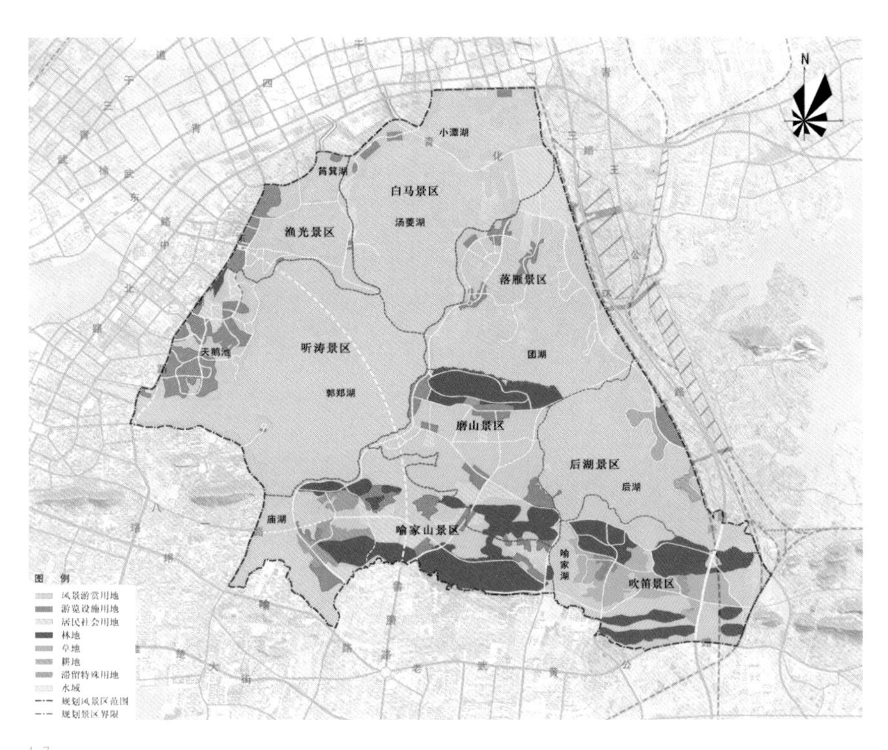

4-7

图 4-7　2011 年版《东湖风景区总规》土地利用协调规划图
图片来源：上海同济城市规划设计研究院、武汉市规划研究院《武汉东湖风景名胜区总体规划（2011—2025 年）》

地较规划基期年增加了1.4倍。同时，为控制非景区功能建设用地的无序蔓延，规划对景区内的居民社会用地进行了控制，居民社会用地仅占3.2%，较规划基期年减少了约22%，滞留用地降低了79%，有效地保护了风景名胜区内的自然景观环境，总体呈现“两降两增”的用地功能变化（图4-7）。

（2）景区内外功能融合发展

东湖风景区作为城市三环线内的城中湖，与城市功能联系日趋密切。东湖西岸文化旅游区辐射带动了周边城市文化景观功能优化，提升了城市文化空间魅力。东湖北岸旅游功能配套外溢，丰富了周边城市功能业态，形成了旅游+商务的城市高品质区域。东湖东岸在东湖八大景区基础上，重点打造一个功能复合的新景区，形成了生态人文绿色发展示范区。东湖南岸强化与城市科教功能融合，形成了景—校相融的空间景观风貌。

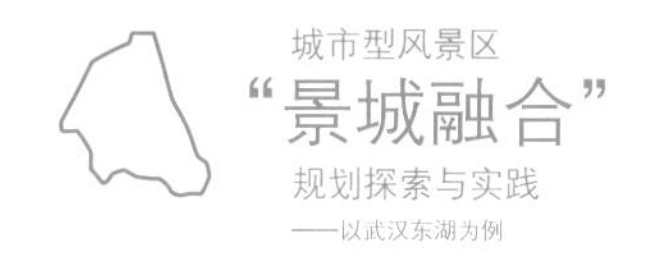

◎ 东湖西岸与城市文化功能区融合

东湖西岸城市地区主要以文化功能为主，该区域通过借力东湖风景区的自然景观资源，整合区域内人文历史资源，以东湖风景区内湖北省博物馆、湖北省艺术馆等大型文化公共设施为先导，充分挖掘东湖西岸、环沙湖地区、中北路沿线城市优势资源要素，展现荆楚文化特色，打造以文化传媒和创意、文化交易和消费为主要功能的创新文化产业区，形成“东湖西岸”文化旅游、“沙湖东岸”文化商贸会展、“楚河汉街”商业和演艺、“黄鹂路”文化创意与营销、“武重”文化体验与居住这五大功能板块，提高了城市文化竞争力和城市品位（图4-8）。

◎ 东湖北岸与城市商务区功能互促

东湖北岸毗邻杨春湖城市高铁商务区，通过生态人文轴线、公园绿廊将城市功能与东湖风景区生态景观资源有效串联，形成城景交相辉映的现代化城市功能区。杨春

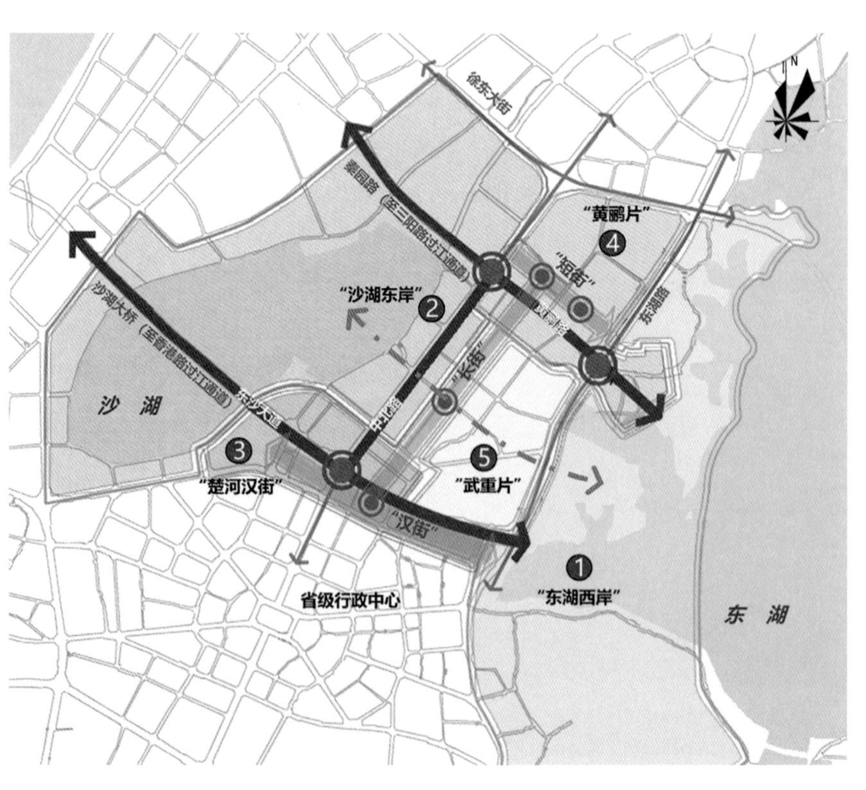

图4-8　东湖西岸与周边区域功能结构图
图片来源：武汉市规划研究院《武汉楚文化产业区（CCID）概念规划及黄鹂路片城市设计》

4-8

湖城市高铁商务区以新经济孕育新动能，着力打造“以新经济为引领的创新之门、区域要素汇集的高铁之门、东湖绿心联动的大湖之门”。规划通过沿湖横轴突出人本、活力、生态、文化体验，打造环东湖体验活力轴；通过垂江纵轴加强长江主轴与东湖的生态及人文渗透，构建南北生态人文轴，充分挖掘人文生态要素（图4-9）。

图4-9　东湖北岸“十字轴”功能示意图
图片来源：武汉市规划研究院《杨春湖高铁商务区城市设计》

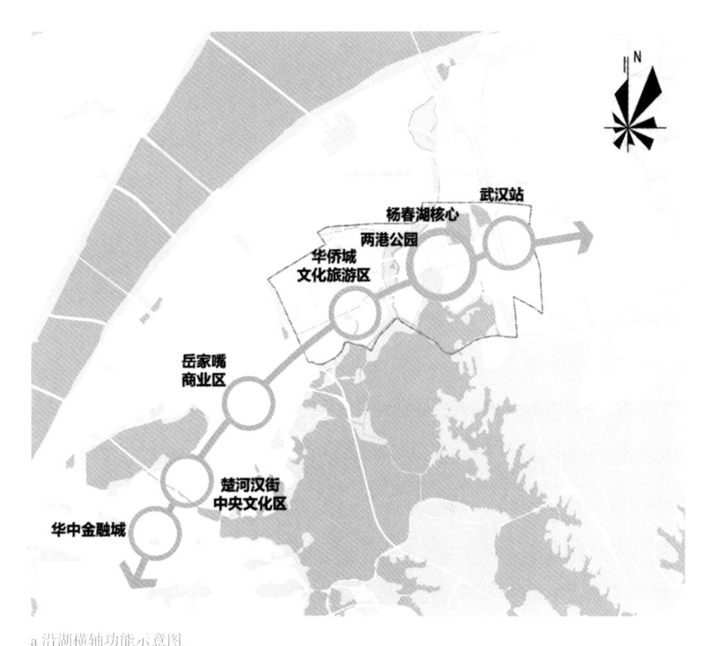

a 沿湖横轴功能示意图

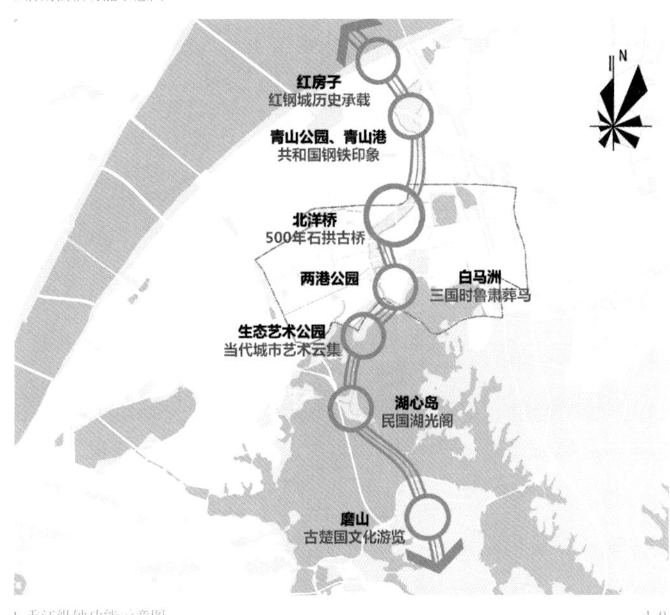

b 垂江纵轴功能示意图　　4-9

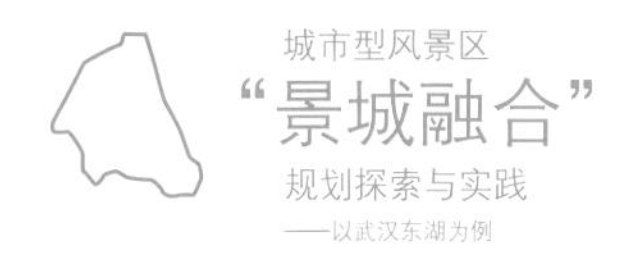

◎ **东湖东岸与城市生态型重点功能区互补**

东湖东岸鼓架片区按照“湖北省大力发展以武鄂黄黄为核心的武汉都市圈，建设武汉新城”的重大战略部署，依托东湖、严西湖两湖相拥的优越生态资源区域，围绕生态核心功能，通过生态固本、文化赋能、品位生活和活动导入，开展全域一体化的空间规划，形成郊野游憩区、中央文化轴和开放式社区三大功板块能交融互联的景城一体化空间格局，实现文化融入生态，艺术激活景区，探索景城融合发展、自然资源价值提升的绿色发展新示范（图4-10）。

◎ **东湖南岸与城市高校功能区融合**

东湖南岸主要为高校智力资源密集区，武汉大学、华中科技大学、中国地质大学、武汉体育学院等高校坐落在东湖之滨。东湖作为各大学的后花园，提供了优美的自然环境，增添了高校颜值；各高校丰富的智力资源为东湖赋能，提升了东湖空间价

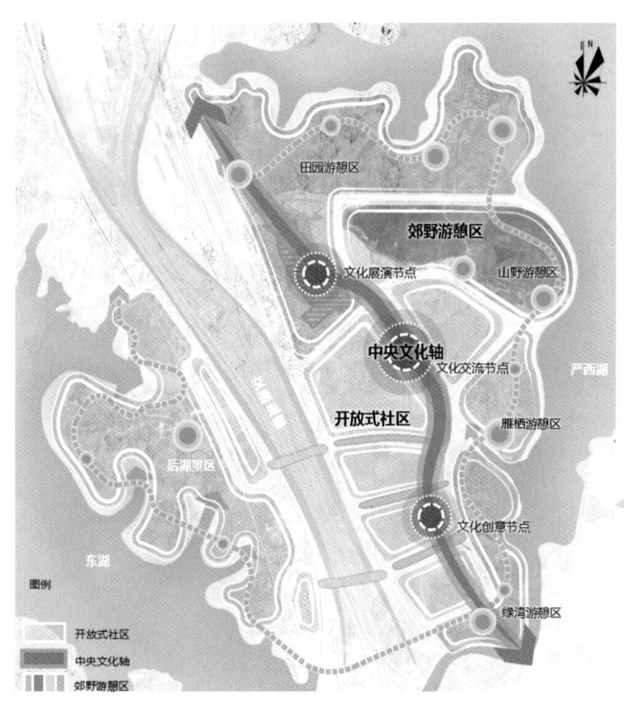

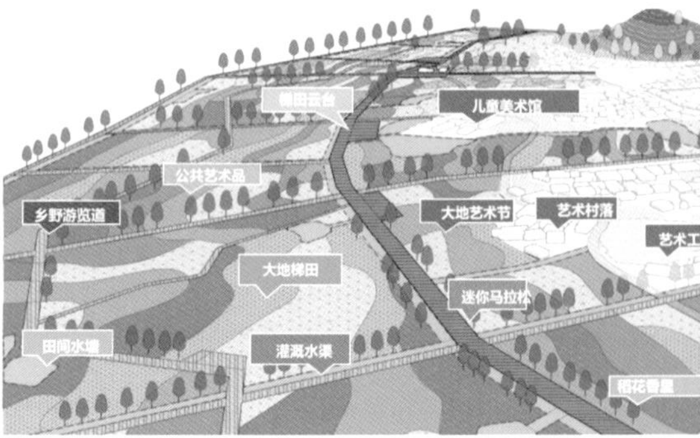

4-10

图 4-10　东湖东部鼓架片区发展空间结构图及示意图
图片来源：武汉市规划研究院《东湖风景区鼓架片区空间布局及景中村综合改造规划》

值，丰富了东湖的内涵，传递了东湖的美誉。高校组团化布局，掩映在东湖水岸与山体之间。以武汉大学布局为例，学校布局顺山应水，通过南北、东西向轴线，将东湖景观引入校园内部，将校园科教功能与东湖景观生态功能有效串联。同时，通过疏密有致的山势脉络和景观廊道引“绿”入园，打开东湖与校园的界面，将东湖的自然景观与科研、文体、人文资源渗透融合，形成“校在景中、景在校中”互融互通的空间格局（图4-11、图4-12）。

图4-11 武汉大学沿东湖空间界面图
图片来源：武汉市规划研究院《武汉大学校园总体规划》
图4-12 武汉大学与东湖空间关系图
图片来源：同图4-11

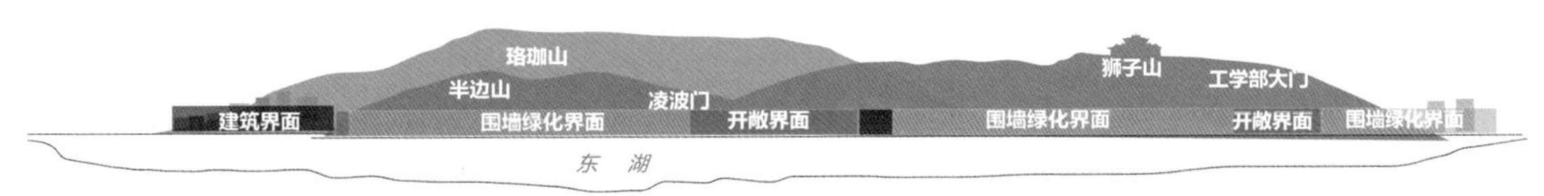

4-11

4-12

3. 交通组织：从客货混行到全域绿道

20世纪60年代，东湖风景区内路网以环湖路为骨架展开，路网等级较低，交通承载力有限。随着环湖路货运交通量增大，造成的交通拥堵极大地影响了景区的旅游品质，促使景区交通在管理上实施禁止环湖路货运交通通行的措施，因此景区交通拥堵在一定程度上得到有效缓解。21世纪初，随着景区机动车数量的快速增长，景区干道负荷日趋加重，景区交通系统亟待重新构建。

（1）快达慢游的景区交通系统构建

东湖风景区的路网形成以“集散中心、外围环线、内部路网”为基本结构的疏散交通体系。集散中心方面，南部布局磨山、马鞍山集散中心，东部布局落雁集散中心，北部布局楚风园、梨园广场集散中心。景区外围构建二环线—珞喻路—三环线—欢乐大道等城市快速路、主干路形成的快速疏解环线。景区内部构建“四环相扣”的路网支撑系统，分别为环郭郑湖环线、环汤菱湖环线、环团湖环线、环后湖—磨山环线，与外围城市道路和景区入口有效衔接，全面改善各子景区之间的交通联系条件，利于游览交通的组织。

◎ 到达交通系统组织

机动车到达重点依托疏解交通体系，环东湖区域形成较为优越的外部交通条件，通过15条快速路及主干路直达景区集散中心。汉口地区通过长江二桥—徐东大街至梨园广场集散中心或通过青岛路隧道—楚汉路到达梨园广场集散中心；二七、后湖地区通过二七长江大桥—二环线或天兴洲长江大桥—三环线到达白马驿站；武昌地区通过徐东大街或二环线至梨园广场集散中心或东湖老大门区域；南湖、光谷地区通过民族大道或光谷大道到达磨山集散中心；汉阳地区通过长江大桥—武珞路或鹦鹉洲大桥—雄楚大道到达磨山集散中心；花山、鄂州地区可通过花城大道到达落雁集散中心（图4-13）。

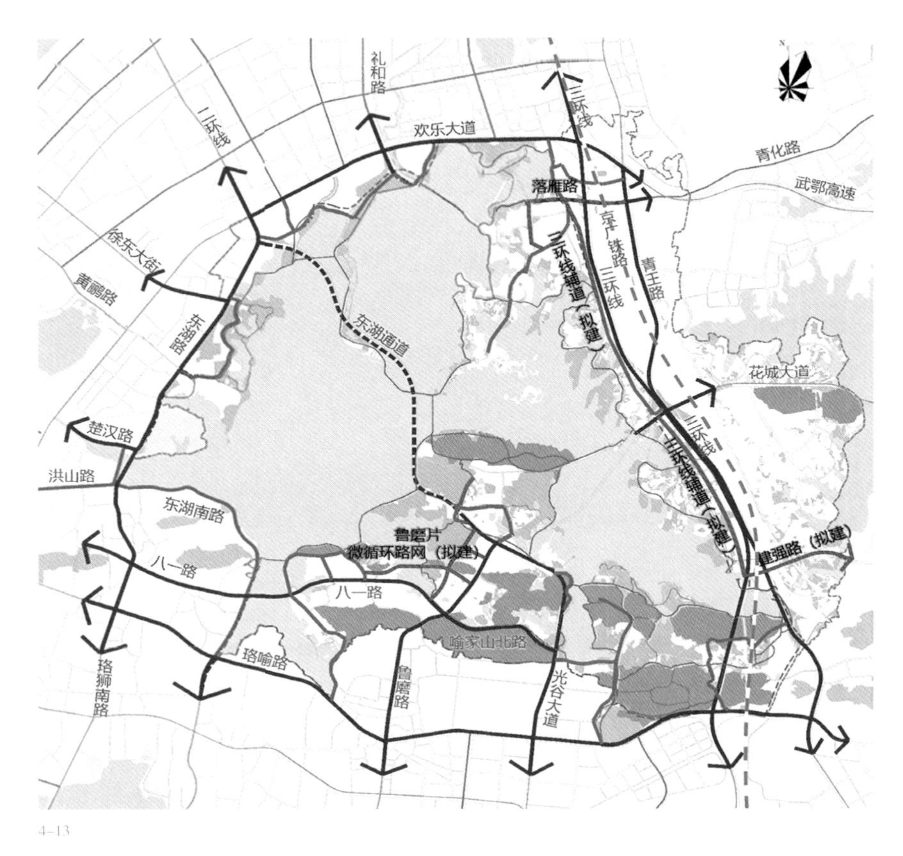

4-13

图4-13　东湖对外交通系统图
图片来源：武汉市规划研究院《东湖风景区整治提升规划》

◎ 公共交通提升景区可达性

公共交通重点依托常规城市公交线路，提升中心城区至东湖风景区可达性，提升公交服务覆盖率。轨道交通主要为环东湖区域轨道线网，包括已建成轨道8号线直达梨园广场站、在建轨道19号线直达鼓架山站，规划轨道9号线直达磨山，轨道2号线、4号线及11号线均可为到达东湖提供便利。为了强化与城市主要对外交通枢纽的联系，规划7条轨道线路与武昌站、武汉站、光谷站相连，规划天河机场至景区的旅游专线，方便省际、国际游客直达景区。同时，考虑开通1条环东湖城市公交环线，将各大景区与轨道站点、公交站点和功能节点串联，提升景区的交通可达性（图4-14）。

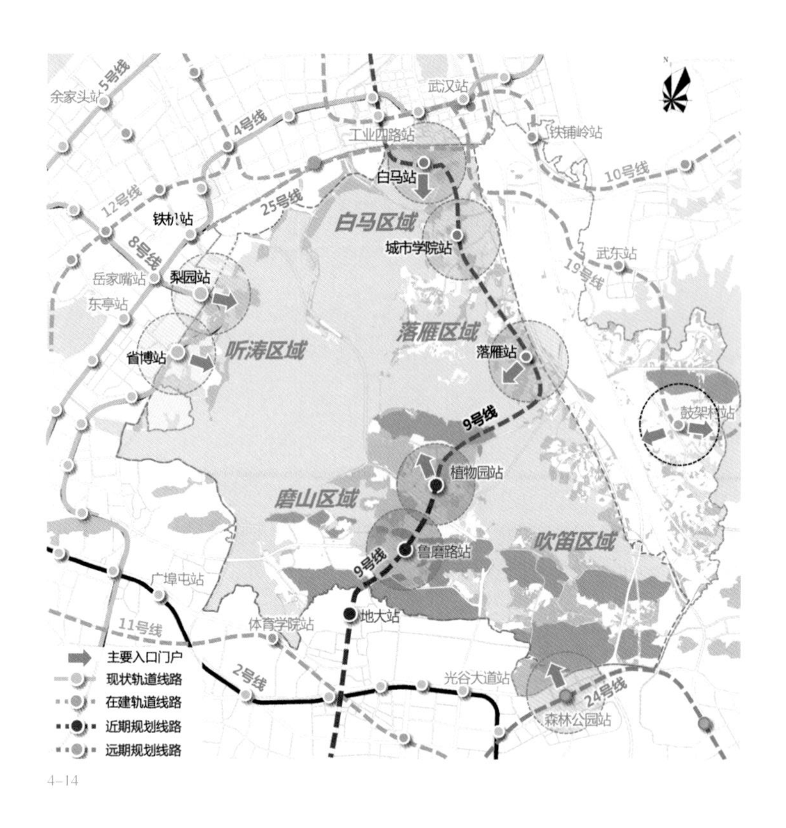

4–14

图 4–14　东湖周边轨道交通分布图
图片来源：武汉市规划研究院《东湖风景区整治提升规划》

◎ 东湖通道引领过境交通疏解

为提升东湖风景区的旅游服务功能，实现东湖风景区过境交通与景区内部交通的完全分离，《武汉市城市总体规划（2010—2020年）》和2011年版《东湖风景区总规》提出了建设东湖通道的设想，东湖通道于2015年建成通车。东湖通道总体定位为交通畅达、景观优美、生态宜人、安全经济的交通景观大道。在交通功能方面，东湖通道强化光谷与汉口、青山、武昌地区的交通联系，将东湖风景区重要的过境交通进行分流，疏解东湖高新区与汉口、青山地区的过境交通，强化链接功能，通过区域连通，有效缓解武昌地区的交通压力；在景观功能塑造方面，充分考虑交通功能与景观功能相融合，在实现交通功能的基础上，依托华侨城、东湖、梅园、磨山等景观资源，规划形成“三段一岛”主题游园段、亲水休闲段、山林景观段和湖心岛的总体景观体系；构筑“湖岛相依、岛隧共生”的景观空间格局，并建设以“临波望梅”“卧澜闻梅”为主的人文景点和“翠峰栈影”、游船码头等一系列旅游服务景点。

（2）打造慢行低碳交通样板区，规划建设世界级东湖绿道

为落实“让城市安静下来”的理念，2015年，东湖绿道启动规划建设，着力解决东湖风景区存在的可达性不高、游览体验不佳、部分景区封闭等痛点问题，进一步彰显东湖资源禀赋优势，提升景区游览品质。规划东湖绿道全长约102km，旨在打造“最具书香气质、最具大美神韵、最具人文生态的世界级滨湖绿道”，打通东湖与城

市交会界面串联各大景区景点，实现景区与城市空间深度融合，更好展现景区及周边城市空间、功能、人文、景点魅力，营造“漫步湖边、走进森林、登上山顶”的景观体验，实现更方便、更自由、更惬意的东湖游赏环境（图4-15～图4-17）。

图4-15　东湖绿道接驳点分布图
图片来源：武汉市规划研究院《东湖风景区整治提升规划》
图4-16　东湖绿道鸟瞰
图4-17　东湖绿道湖中道实景

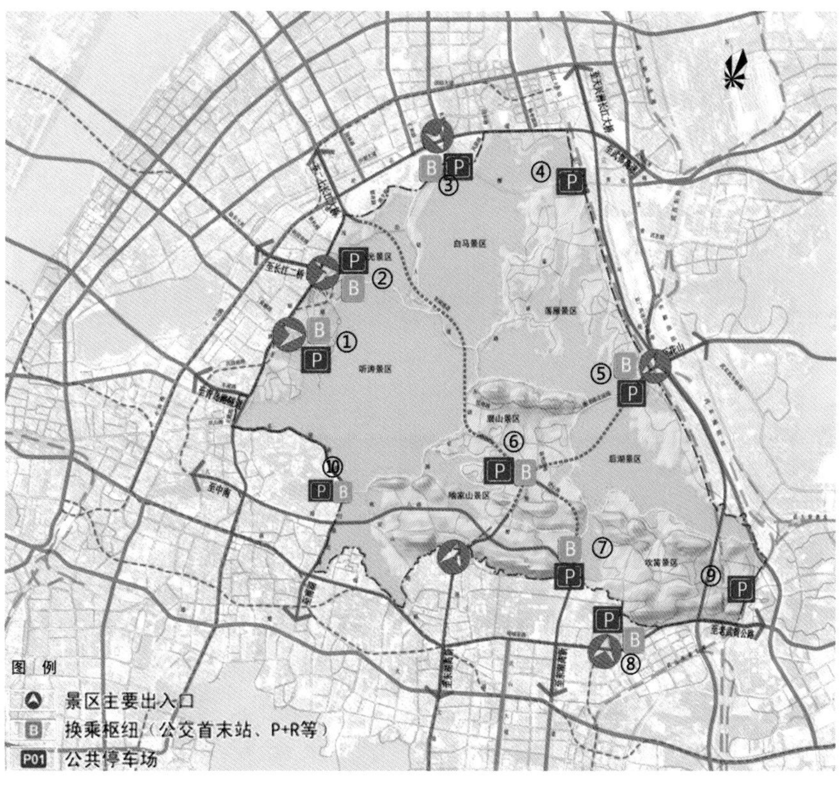

4-15

4-16

4-17

东湖绿道包括三个层级，即绿道主干线、次干线及支线。4条绿道主干线为学府线、滨湖线、临山线及郊野线，在东湖形成“D+H”绿道结构（图4-18），将被水面分隔的陆域空间有机联系，按照步行道、自行车道分设进行建设，步行道宽度不低于2m，车行道宽度不低于6m，达到自行车和马拉松国际赛道标准。9条绿道次干线是对主干绿道的有效补充，按照步行道与自行车道混行或分行，步行道不少于2m，自行车道不少于4m的常规建设标准。绿道支线主要依托磨山景区、落雁景区、武汉大学、听涛景区等内部慢行路径、最能体现绿道特色的道路建设，宽度不低于4m，坡度达到骑行要求（图4-19）。

为提升东湖绿道游览体验，规划布局了6个一级驿站、19个二级驿站和多个服务点（图4-20），其中一级驿站主要位于梨园广场、磨山入口、落雁入口、吹笛大门、

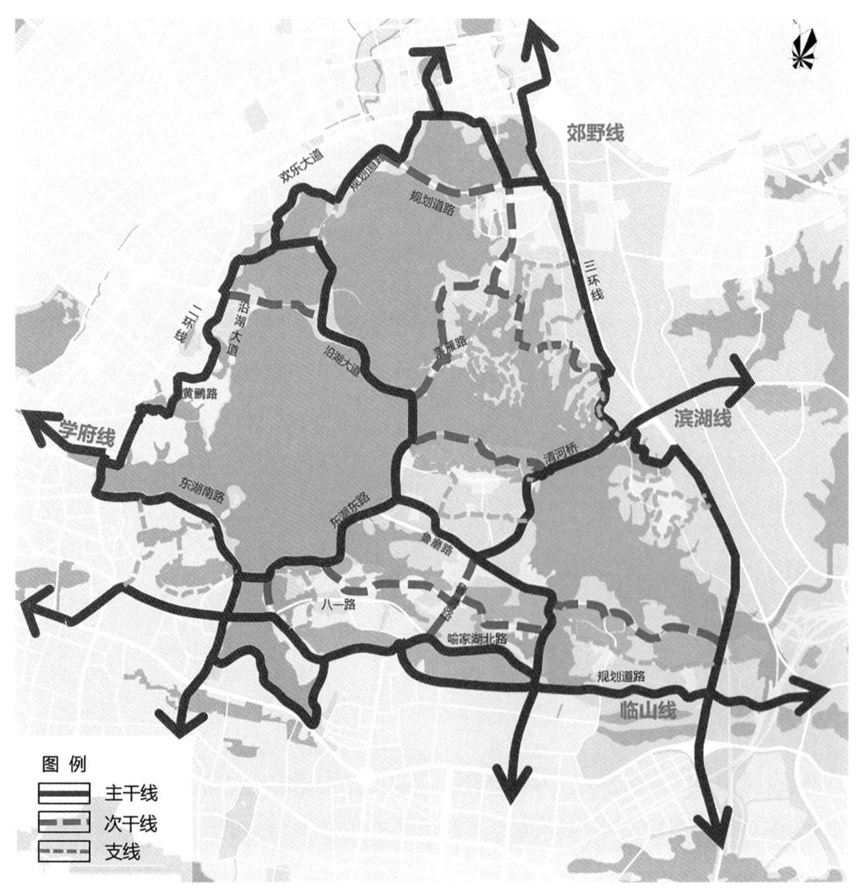

4-18

图4-18　东湖绿道选线图
图片来源：武汉市国土资源和规划局、武汉市土地利用和城市空间规划研究中心、武汉市规划研究院《武汉东湖绿道系统暨环东湖路绿道实施规划》

图 4-19　东湖沙滩浴场鸟瞰
图片来源：同图 4-18

4-19

图 4-20　东湖绿道内部交通组织及驿站布局图
图片来源：同图 4-18

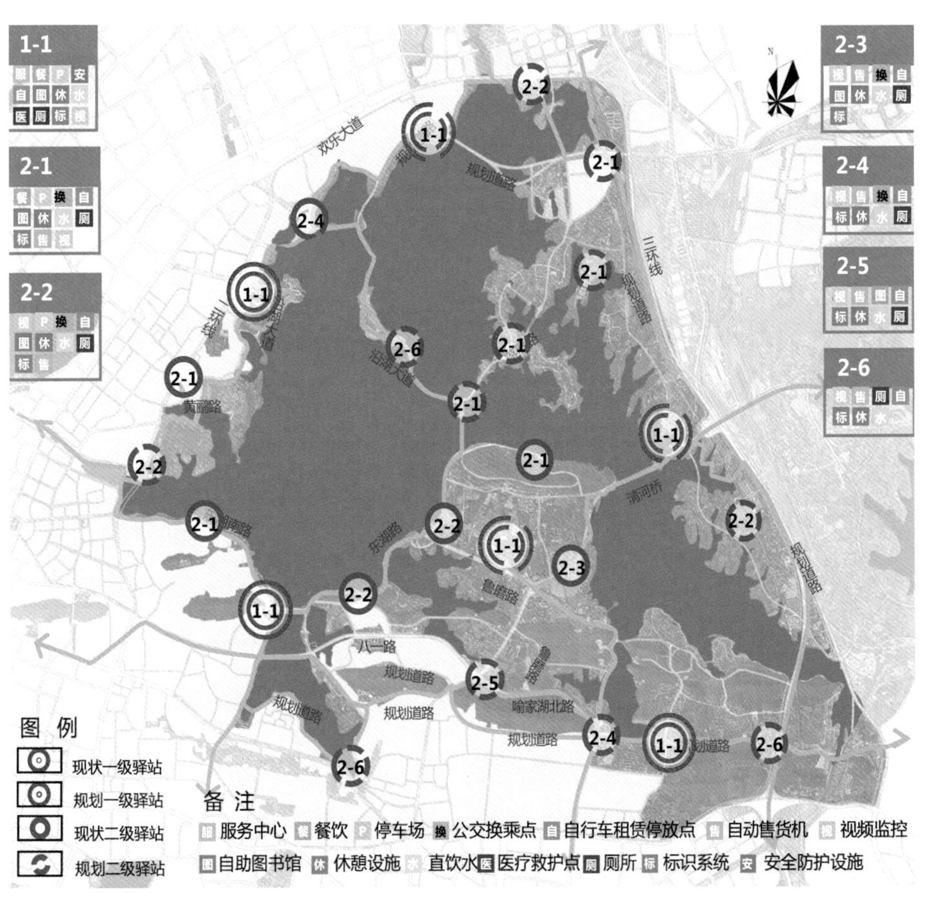

4-20

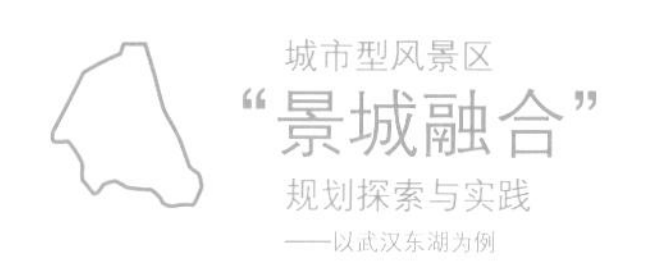

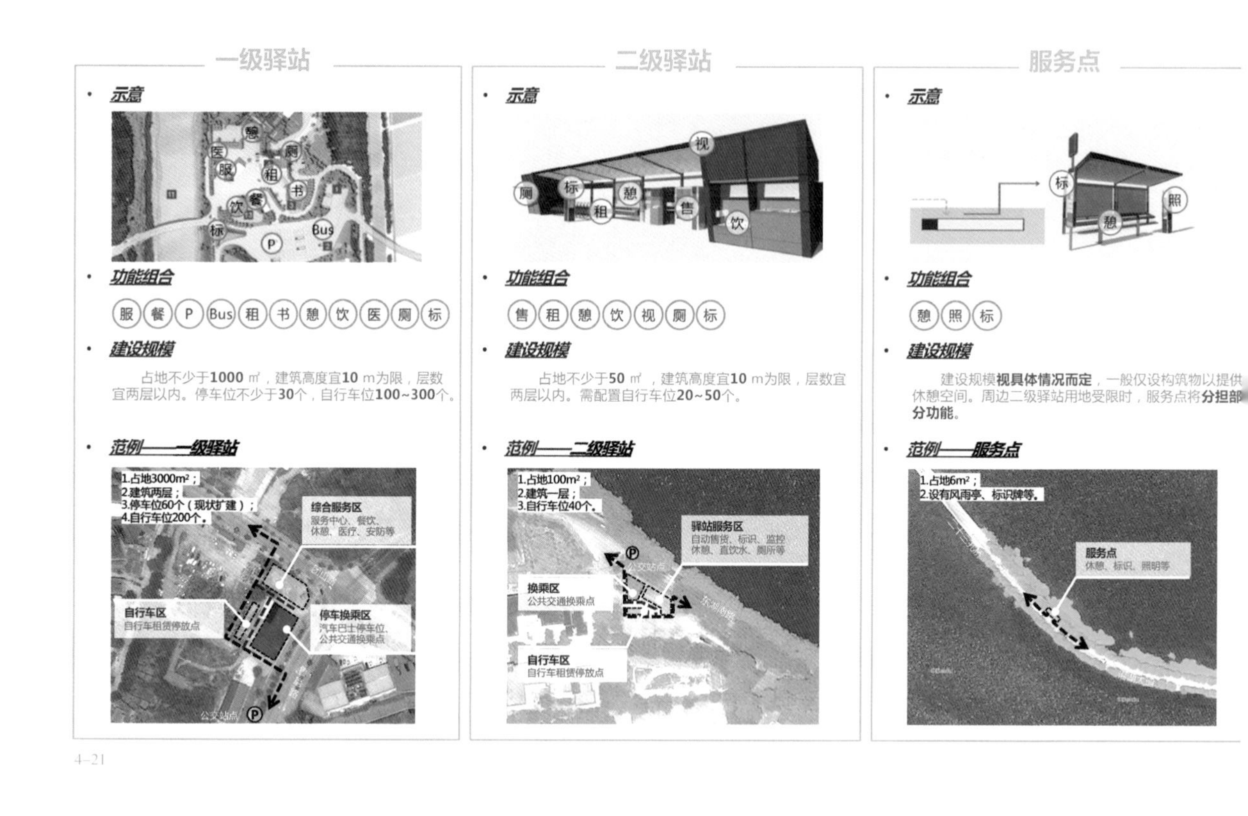

4-21

图 4-21　东湖绿道驿站系示意图

图片来源：同图 4-18

风光村区域，为综合性服务驿站，用地控制1000～4000m²，主要承担服务中心、餐饮服务、停车场、公交换乘、自行车租赁、自助图书馆、休憩设施、直饮水、医疗救护点、厕所、标识系统、自动售货机、视频监控、安全防护设施等功能（图4-21）。二级驿站结合主要旅游景点设置，包括沙滩浴场、植物园等，为常规性服务驿站。三级驿站为基础性服务驿站，功能在综合驿站基础上，结合游览需求变化有所不同。

2016年底，东湖绿道一期正式建成开放，该线路起于梨园广场，从九女墩延伸至磨山北门，经枫多山至一棵树，全长约 28.7km，串联磨山、听涛、落雁3个经典的生态旅游景区。根据绿道走线，打造湖山道、湖中道、磨山道、郊野道4个绿道主题，设置4处门户，9大景观主题区域及4个独立驿站区。2017年，完成环听涛景区、白马景区、后湖景区、磨山景区、喻家山景区共约73.8km绿道二期规划建设工作，并对景区环境、配套、运营、文化等方面进行综合提升，带动东湖整体协调发展，为打造世界城中湖典范、世界级城市生态绿心奠定坚实基础（图4-22）。

4-22

图 4-22　东湖绿道时见鹿驿站

（3）水上交通组织

在2011年版《东湖风景区总规》引导下，东湖风景区内已建成5条游线、10座码头，其中4条游线主要集中于大湖面郭郑湖，1条游线位于团湖。楚风园、水榭码头、行吟阁码头、汉秀码头、沙湖码头这5座码头位于东湖西岸，磨山码头、梅园码头、楚城码头这3座码头位于磨山，沙滩浴场和落雁景区各1座。水上游线已成为东湖陆上交通的重要补充，“楚风园 — 沙滩浴场 — 磨山码头”游线、“水榭码头 — 梅园码头”游线、“行吟阁码头 — 梅园码头”游线强化听涛景区与磨山景区联系。“水榭码头 — 行吟阁码头 — 沙湖码头 — 汉秀码头”游线将东湖与沙湖有效联系，强化了城市功能与东湖景区功能融合。“楚城码头 — 落霞归雁码头”游线将磨山景区与落雁景区连接起来，强化中部与西部景区交通联系。

图4-23 东湖水上游线分布图
图片来源：武汉市规划研究院《东湖风景区整治提升规划》

规划在现状10座码头的基础上，新增欢乐谷码头、白马码头、团山码头、马鞍山森林公园码头和万国公园码头5座码头，新增汤菱湖、团湖水上游线，强化西部与东部景区、中部与西部景区交通联系，缓解陆上交通短板（图4-23）。

4-23

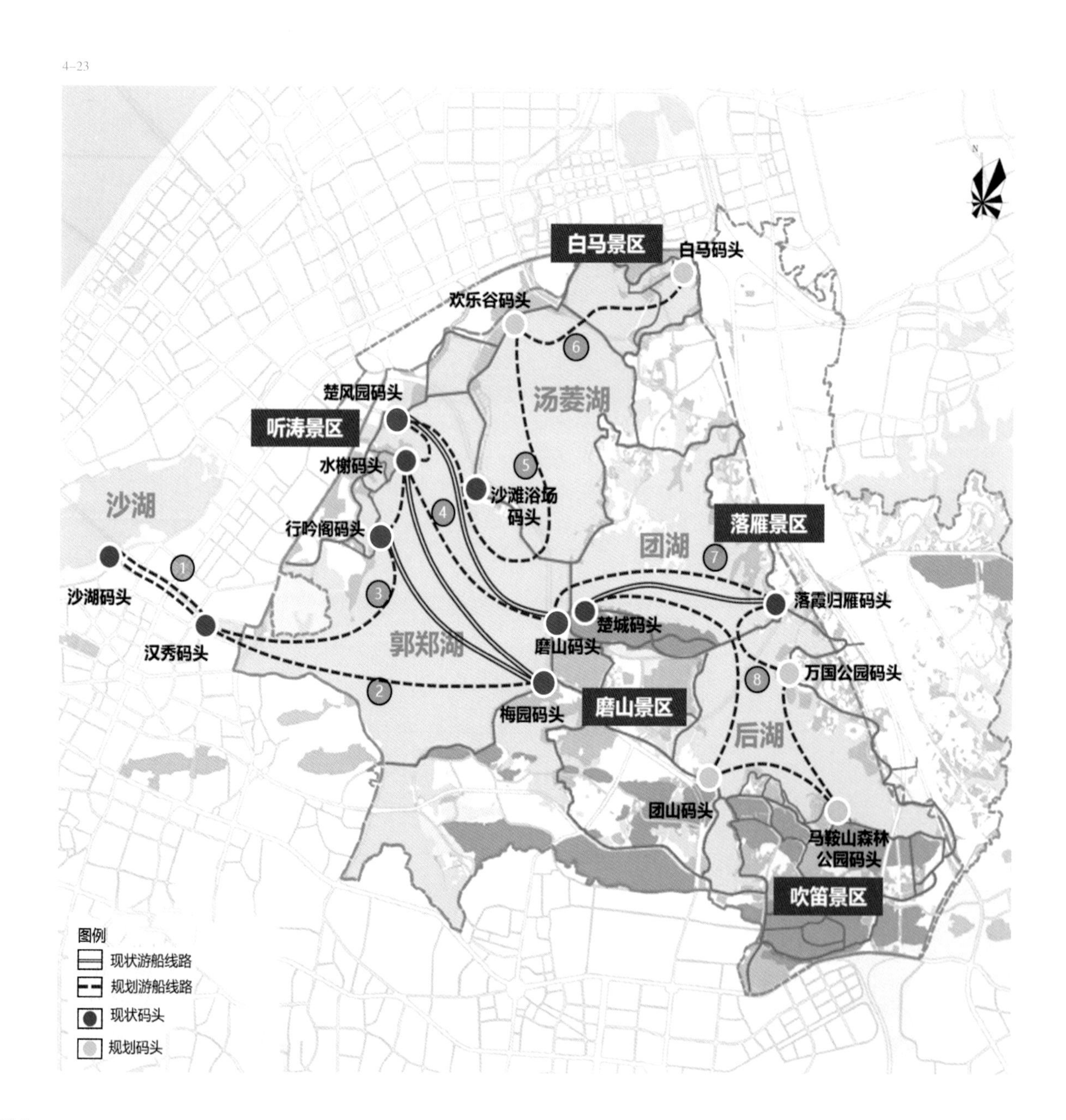

4-24　预测客流与实际
流对比
者来源：武汉市规划研究院
湖绿道二期交通专题研究

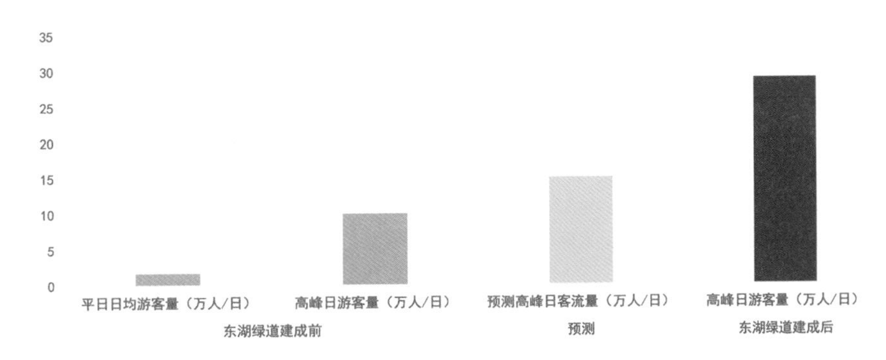

4-24

（4）交通建设成效

东湖交通提升后，特别是绿道的建成，极大地改善了东湖景区旅游品质，游客量有了显著提升。东湖绿道一期建成后，根据湖北省旅游委官方统计，2017年元旦当天流量达到28.91万人次，周末日均客流15.2万人次，年游客量达到1285万人次，较绿道开通前日均游客1.75万人/日，高峰日游客量10万人/日，年游客量750万人，高峰日游客量增加近3倍，年游客量增加了近70%。2021年单日最高游客量突破70万人次，年游客接待量突破2000万人次，达到2087.51万人次，较五年前增加近800万人次，增加62%，单日最高游客量增加31万人次，增长率超过100%（图4-24）。

二、景城融合发展背景下城市型风景区空间发展趋势研判

1.　蓝绿链接，打造更稳定区域生态框架

湖北省第十二次党代会提出，大力发展以武鄂黄黄为核心的武汉都市圈，东湖东扩进入规划建设阶段。依托光谷科技创新大走廊、武汉新城的建设加速推进，大东湖地区将打造成武鄂城市连绵带区域绿心，肩负起联动武鄂发展、彰显生态文明示范效应的责任。

一是连通水网，形成江河湖渠相连的生态水系网络。以东湖、严东湖、严西湖、车墩湖、严家湖为核心，通过青山港长江引调水工程，严西湖、竹子湖、青潭湖连通渠清淤改造工程，北湖大港拓宽工程，连通黄大堤港，实现湖泊防洪调蓄及水资源调配利用能力进一步增强、水体及周边环境生态进一步改善。二是生态连接，构建多轴多廊

图 4-25 大东湖区域多轴多廊城市绿心结构图
图片来源：武汉市规划研究院《大东湖绿楔规划》

区域蓝绿框架。以东流港、罗家港、珞珈山－洪山－蛇山山系、光谷生态大走廊、车墩湖等带状生态空间为枝干，串联沿途的城市公园、滨河公园、街头绿地，贯通大东湖区域绿心与长江滨江生态带、涨渡湖湿地、府河湿地、汤逊湖、梁子湖等重要水系和生态斑块之间的生物迁徙廊道，打通城市通风道，夯实区域生态格局（图 4-25）。区域绿心将使区域蓝绿网络更完善、生物迁徙有保障、水资源调蓄能力进一步提升。

2. 绿色引擎，促进景城毗邻区功能融合

随着大东湖区域生态旅游环境品质的提升，对周边区域辐射带动的作用明显加强，大东湖区域周边城市功能也在随之调整，形成由大东湖地区生态资源驱动、周边区域功能联动、景城融合的新格局。

一是充分发挥区域绿心与周边城市建成区的融合效应，引导周边传统产业绿色升级。以区域蓝绿网络为脉、生态导向发展为核，引领生态绿心周边集聚先进的产业功能区，形成城市综合服务、科创产业、智能制造产业“三带”引领的绿色产业集聚带。其中，重点推动周边传统制造业和化工业组团向高端、智能、绿色化发展。

4-25

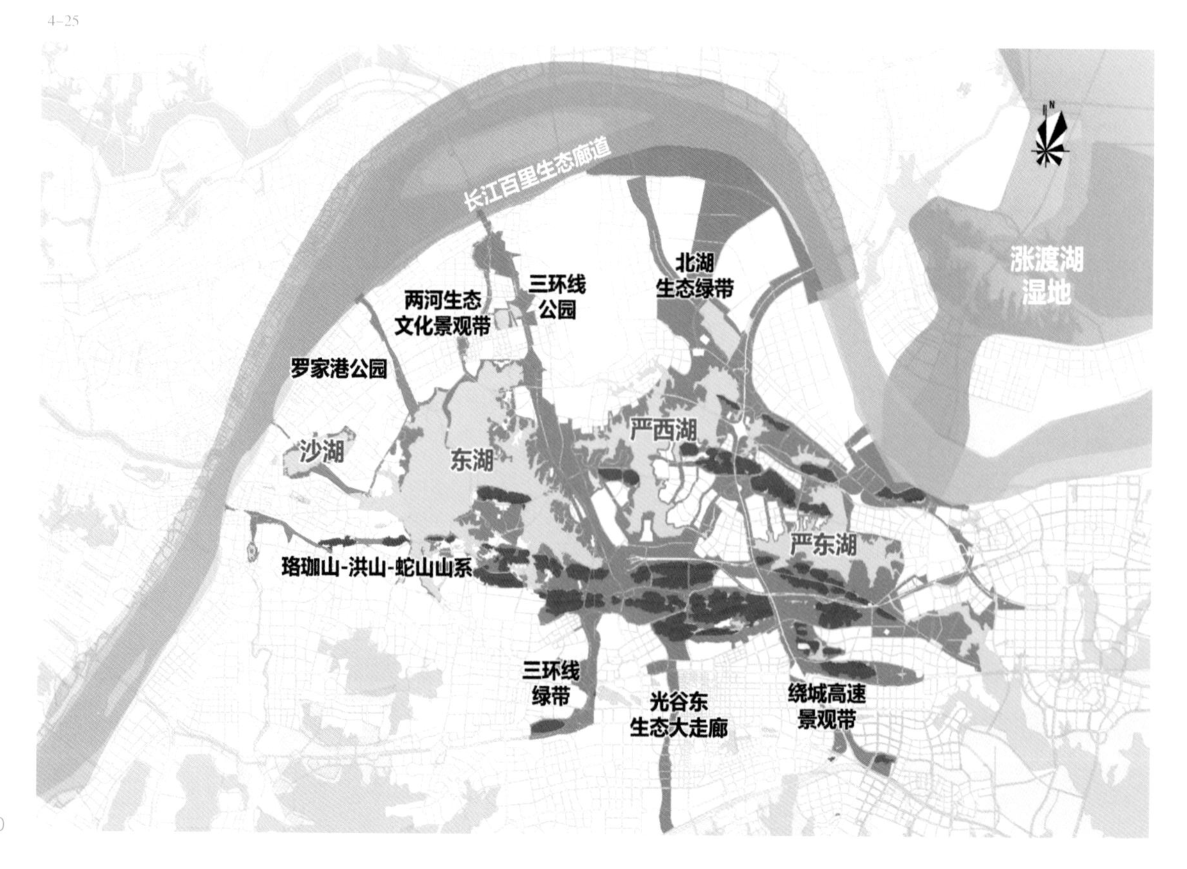

二是效能耦合，促进城绿功能互补互促。在城市各方向发展轴线与绿心交汇节点处，根据城市现有功能，整合区域绿心周边的城市空间资源，规划布局文化创意园、文旅综合体、绿色产业展示区等城绿融合门户区，强化城市建设区与风景区在用地功能上的纵深融合。通过与武汉主城旅游项目的充分对接，融入大武汉都市区旅游节事体系，为市民提供更为丰富的旅游产品（图4-26）。

绿色引擎效益彰显，引导生态、科技、文旅等多类功能集聚，景区周边功能区得以生态转型，区域更高质量发展。

3. 交通赋能，强化区域空间联系

交通是支撑大东湖地区空间融合的重要载体。随着武鄂黄黄地区产业协作发展水平的不断提升，以及武汉新城规划交通枢纽功能的强化，大东湖地区与周边区域空间联系越来越强，需从道路交通、公共交通及慢行交通等方面全面提升交通联系度、便捷度和舒适度具体如下。

一是完善外畅内达的道路交通体系，形成高效畅达的道路交通网络。依托北部武

4-26

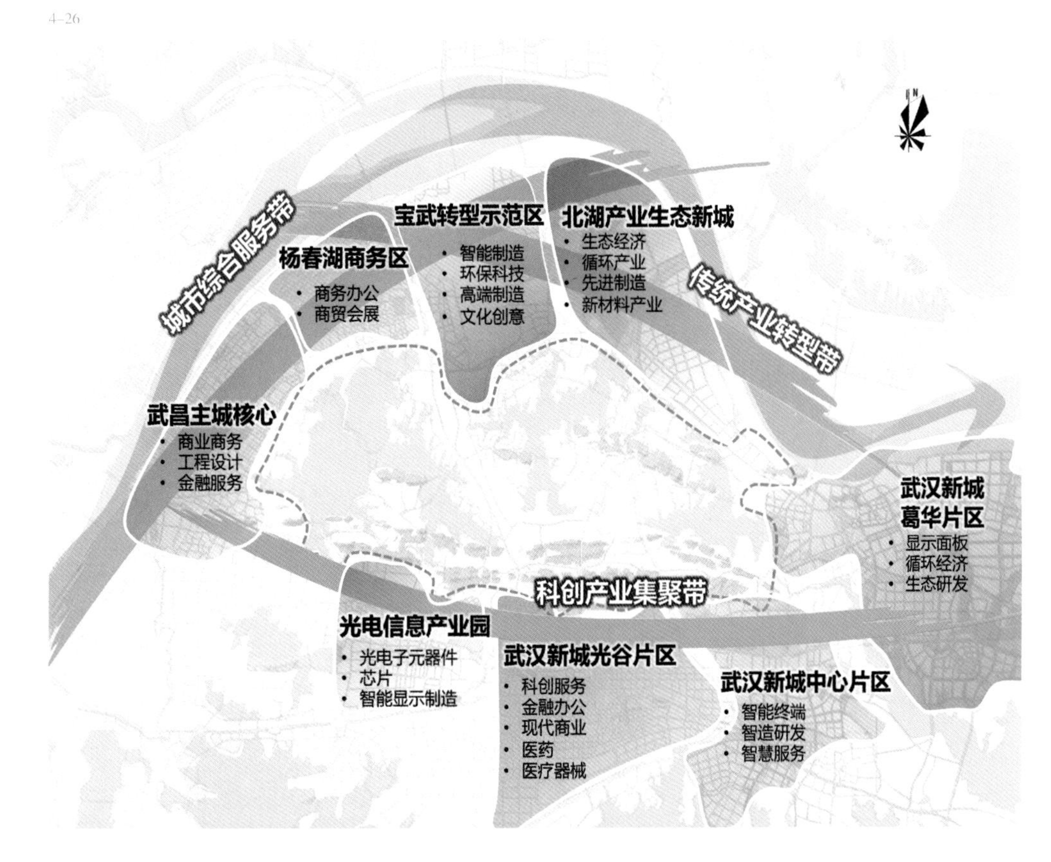

图4-26 大东湖区域功能耦合示意图
图片来源：武汉市规划研究院《大东湖绿楔规划》

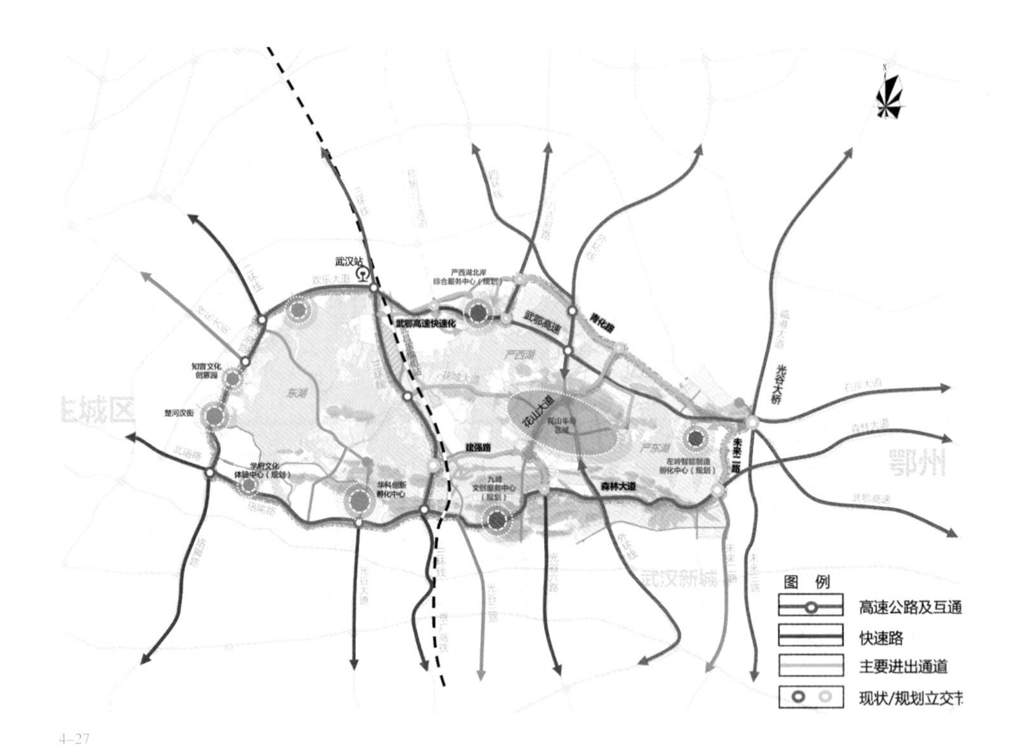

4-27

4-28

图 4-27　大东湖区域道路交通规划图
图片来源：同图 4-26
图 4-28　大东湖区域轨道交通规划图
图片来源：同图 4-26

鄂高速、中部花城大道、南部老武黄公路，加强东湖与东部区域联系，促进武鄂黄黄交通互融互通。依托鼓架片区更新改造，新增建强路与东部九峰地区交通联系，加快武鄂高速、森林大道（老武黄公路）快速化改造，强化交通引领东湖东进的作用，促进城市功能融合（图4-27）。

二是建设复合高效的公共交通系统，倡导舒适、便捷、高效的公共交通出行方式。以轨道交通19号线为主体，接入区域高速轨道系统，串联东湖鼓架山片区与东部花山片区，加强与北部武汉站、南部光谷的联系。轨道交通19号通过在光谷中心区与轨道交通11号线换乘，联系鄂州葛店、花湖机场；与轨道交通10号线、13号线以及武冈市域铁路的联系融于武鄂黄黄公共交通系统。增加武汉站、东湖风景区、严西湖、花山集镇、严东湖地区的旅游公交专线，串联沿线旅游观光景点，增加游客可达性（图4-28）。

三是引导绿色低碳的智慧化出行，构建分级绿道系统。通过花城大道、东湖 — 严西湖连通渠绿道，加强大东湖地区绿道网络与东湖绿道网络的有效衔接。构建连山、通湖、贯城、串趣、戏水的区域蓝绿道网络，联动东西，打破三环线空间割裂，推动由“千湖之楔”到“一城之园”的转变。打通三环线城市绿道、东西山系城市绿道，构建基地内环东西山系丛林探秘绿道，打造花蔓东湖、严西文旅、严东野趣、滨水绿道，串联文旅及社区项目的都市活力绿道（图4-29）。

通过外畅内达的交通体系构建，将大东湖地区打造成为武鄂黄黄地区的后花园，为高新技术人才、高端产业生态、高科技研发平台提供高品质生态服务产品，通过交通赋能，打造城景融合样板区。

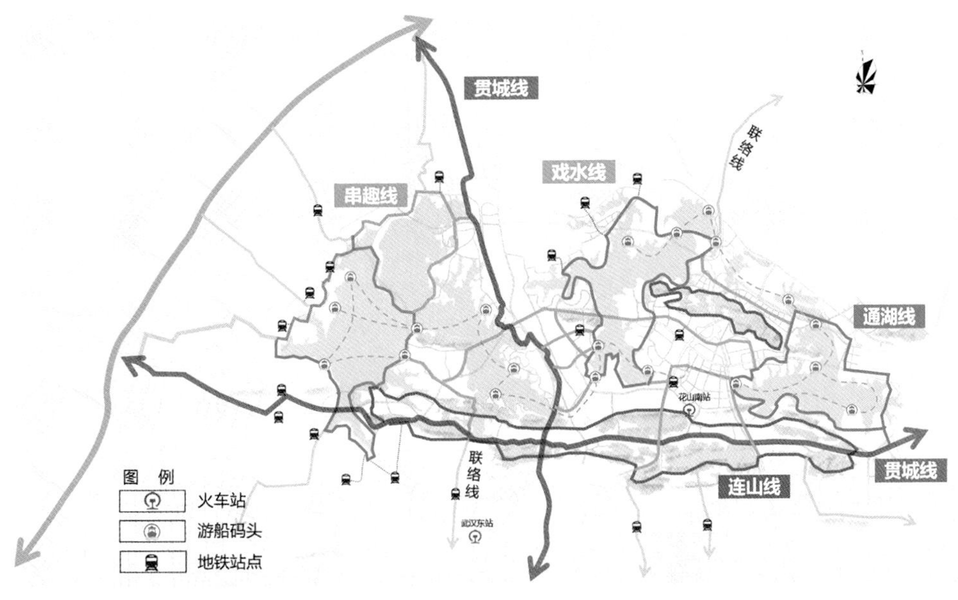

4-29 大东湖区域道规划图
片来源：同图4-26

4-29

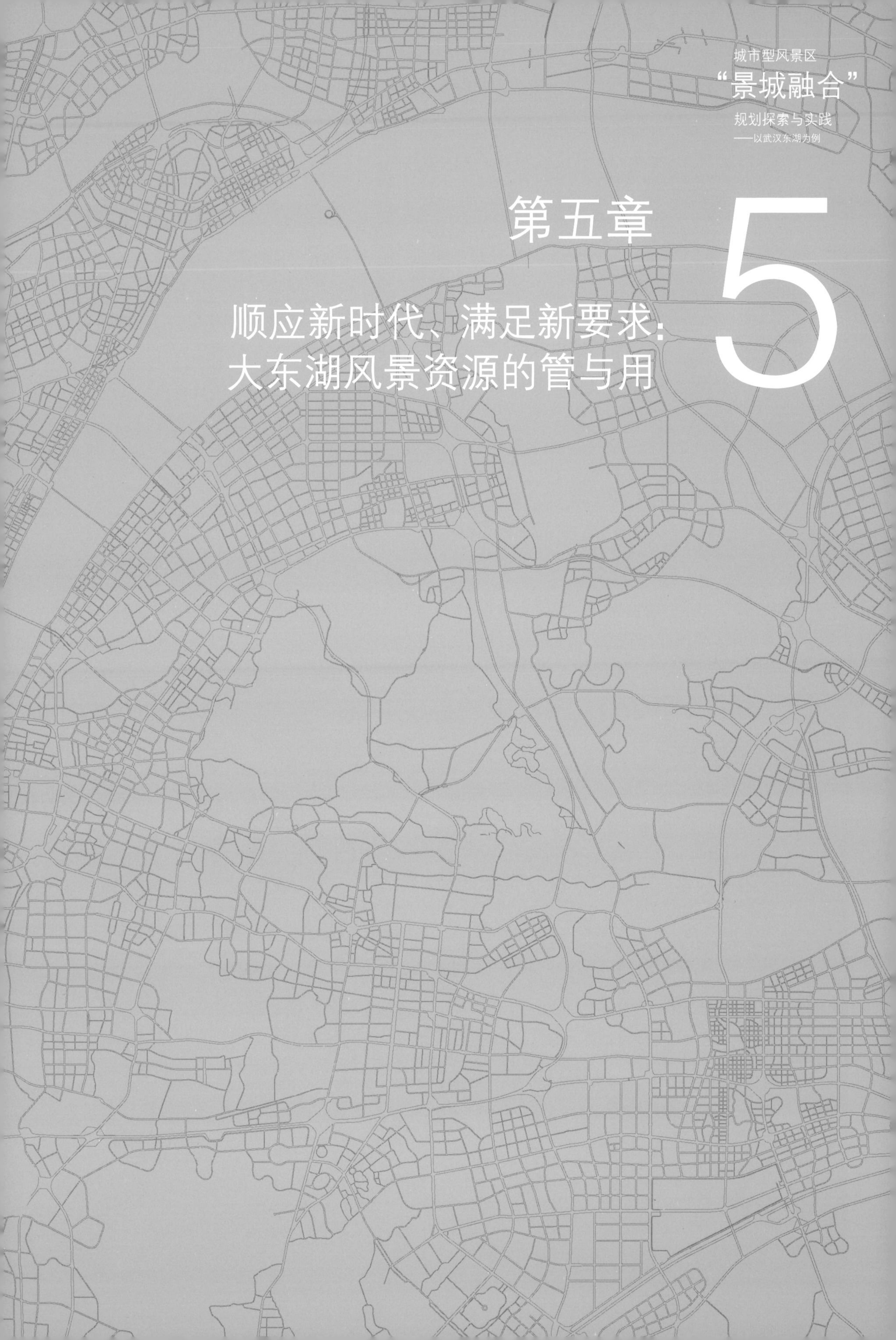

第五章 5

顺应新时代、满足新要求：大东湖风景资源的管与用

一、东湖风景区风景资源保护策略与成效

1. 手段更新：从自然景观营造到立法保护

（1）东湖二十四景的诗情画意

东湖风景名胜区作为湖泊类型的风景名胜区，湖面浩瀚，山水相映，鸟语花香，古迹遍布，与大多数国内风景名胜区一样，自风景区成立以来，历轮总规均注重以“造景”的方式对自然资源加以保护与利用。在1995年版《东湖风景区总规》中，提出了恰似天成的“东湖二十四景”（图5-1），成为历次规划设想之精华。从景点名称不难看出，当时对自然资源的利用多是从观赏角度提出，把“再现自然”作为风景

图5-1 二十四景之一的碧潭观鱼

区生态环境品质提升的重要战略目标，因此最大限度地维护了风景区“以大湖水景、翠峰山景等自然景观为主体，以人文胜景为点缀的自然生态山水画卷”的整体自然景观风貌。

（2）保护区划与分级保护

按照国家对风景名胜区的要求，在东湖风景区历轮的总体规划中，均将对风景区环境和景区内山水、文物古迹、古树名木、珍稀动植物、特殊地质地貌进行有效保护作为重要工作之一，并通过保护区的划定，认真处理风景区自然资源保护与城市生活、城市建设的关系。2011 年版《东湖风景区总规》的分级保护要求，成为现阶段风景区各项建设的重要法定依据，规划中明确提出按照景观价值等级和敏感度不同，根据保护和利用程度不同，将东湖风

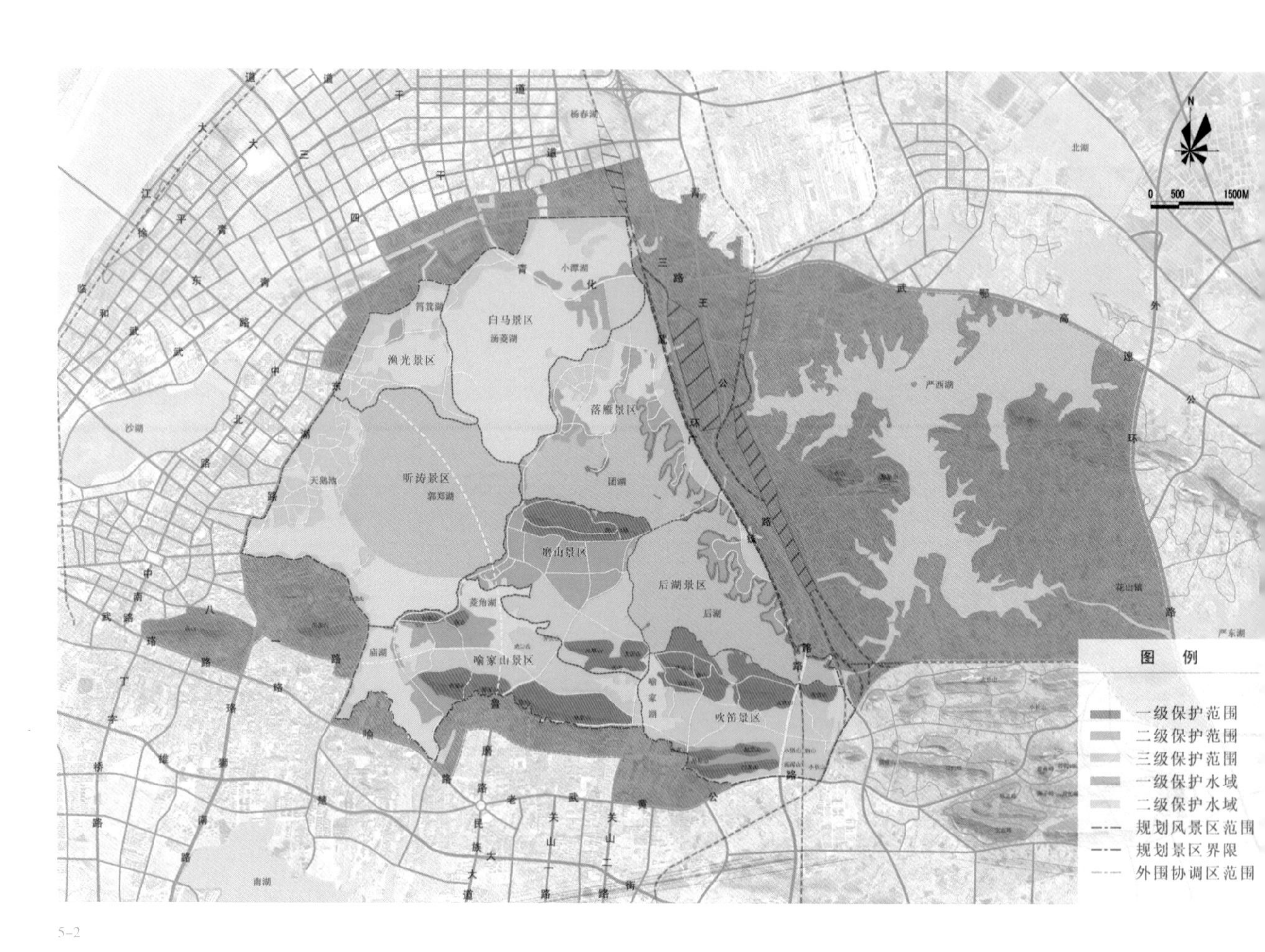

5-2

图 5-2　2011 年版《东湖风景区总规》分级保护规划图

图片来源：上海同济城市规划设计研究院、武汉市规划研究院《武汉东湖风景名胜区总体规划（2011—2015）年》

2011年版《东湖风景区总规》分级保护规划 表5-1

		一级保护区	二级保护区	三级保护区	外围协调区
性质		构成风景名胜区重要景源及重要地带	构成风景名胜区次要景源及对景源有重要影响地带	除以上各级保护区之外地区	在风景名胜区界线范围外，对东湖风景名胜区景观与生态完整性有明显影响的区域
范围		包括风景名胜区内大部分山体，落雁景区、后湖景区沿湖50m，后湖与郭郑湖、团湖的部分水域	磨山景区鲁磨路、团山路以北区域，喻家山景区菱角湖西岸、庙湖东岸区域，吹笛景区西南部山系周围狭长地带，后湖景区、落雁景区落雁小路西侧区域，白马景区湖中小岛及东部半岛滨水区域，以及除一级保护水域外的全部水域	风景名胜区内除一级保护区和二级保护区以外的所有陆域范围	北至杨春湖与武鄂高速，东至外环路，南侧至九峰森林公园北边界，西侧包括珞珈山
面积		22.0km²	26.71km²	13.15km²	68.85km²
其中	水面	15.30km²	17.72km²	0	—
	陆地	6.70km²	8.99km²	13.15km²	—
功能分区		自然景观保护区	以风景游览区为主	以休闲活动区、旅游服务区为主	—
建设方针		区内可以安排必需的步行游赏道路和相关设施，严禁建设与风景无关的设施，不得安排旅宿床位，严格控制和限制机动交通工具进入该区	区内可以安排少量旅宿设施，但对规模、密度、形式、体量等需加以严格控制，并严禁任何与风景游赏无关的建设，应有条件地限制机动交通工具进入本区	应有序控制各项建设与设施，并与风景名胜区环境相协调	严禁砍伐树木和开山采石，加强水土保持，风景名胜区内居民点建设必须符合风景名胜区总体规划要求，修建道路及其他一切建设活动不得损伤风景资源与地貌景观

景名胜区划分为：一级保护区、二级保护区、三级保护区。并在风景名胜区周边划出一定范围的外围协调区，以控制周边用地建设对风景区的影响（图5-2、表5-1）。

（3）地方立法强化全方位保护

1992年，伴随着风景名胜区总体规划的编制，武汉市人民政府出台《武汉市东湖风景名胜区管理办法》，从政府规章层面实现对风景区自然资源的管控与保护。1998年，《武汉东湖风景名胜区管理条例》（武汉市人民政府令 第56号）出台，在全国率先制定地方性法规，明确了东湖风景名胜区内风景资源的保护、开发、建设、利用的管理机制。2007年，为了体现以保护为核心的立法精神，出台《武汉东湖风景名胜区条例》，新条例删去了原条例名称中的“管理”二字，不再仅仅是针对行政管理，而是更侧重风景区的保护，更加贴近科学发展观的要求。期间又经过两轮修正，不断从地方性法规层面加强了对风景区的各项管理。

2018年，武汉市人大常委会再次着手修订《武汉东湖风景名胜区条例》，2019年经湖北省人大常委会批准。此次，为适应生态文明建设的新要求和人民群众对优美生态环境的期待，一方面条例规定对风景区内的景观和自然环境实行严格保护，不得破坏或者随意改变，明确了在风景区内禁止建设行为，并强调对东湖水体的保护。另一方面，条例也考虑到东湖是武汉市宝贵的风景资源，又是独具特色的旅游资源，不仅要保护好，管理好，还要利用好。要坚持“科学利用、依法保护、适度开发”的原则，走生态保护型开发的路子，适度建设旅游服务设施，提升旅游服务功能，为此提出风景区管理机构应当对风景资源利用，并对景中村、景区内单元加强引导扶持，发展符合风景区规划的旅游服务业等（图5-3）。

图 5-3　东湖风景区管理制度建设演化图

- **1992 年，**武汉市人民政府出台《武汉市东湖风景名胜区管理办法》（武汉市人民政府令 第56 号），从政府规章层面实现对风景区自然资源的管控与保护；
- **1998 年，**武汉市人大常委会制定《武汉东湖风景名胜区管理条例》，在全国率先出台此类地方性法规；
- **2007 年，**武汉市人大常委会制定《武汉东湖风景名胜区条例》，更侧重风景区的保护，更加贴近科学发展观的要求；
- **2019 年，**武汉市人大常委会再次修订批准《武汉东湖风景名胜区条例》，适应生态文明建设的新要求和人民群众对优美生态环境的期待。

5-3

2. 对象更新：从单一景点建设到全要素保护

（1）自然与人工结合的景区景点建设

新中国成立后，特别是东湖成为国家级风景名胜区以来，始终将自然资源的整治与人工景点建设相结合，形成各具特色的听涛、磨山、落雁、吹笛等景区。最早建成的听涛景区，在“疑海听涛”“水天一色”等自然景点中，陆续建成了屈原塑像、屈原纪念馆、行吟阁、橘颂亭、沧浪亭、荷风桥等有关世界文化名人屈原的纪念性景观和长天楼、先月亭、可竹轩、落霞水榭等园林建筑小品，后来又增建了以老庄哲学寓言故事为题材的一批石雕景观，展现了楚文化的精髓部分。磨山景区是以楚文化游览区为中心，在磨山山峦中建成以楚城、楚天台、凤标、编钟等一批极具楚文化特色的仿古标志性建筑和礼器，以表现楚国创国历史和古楚杰出君臣的雕塑为辅，展示了古楚辉煌的历史文化和物质文化。落雁景区则在“芦洲落雁”“烟波渔歌”的自然野趣中，融入湖北乡土建筑、传统农业生产、渔业生产活动和乡村民间艺术，展现了楚地乡土民俗文化。从实施效果来看，上述景点中小体量建筑均和周边自然资源充分融合，尊重了自然环境。

（2）植物专类园的色彩纷呈

经过近六十年的辛勤建设培育，当前已建成的梅园、荷花园、盆景园、樱花园、杜鹃园、水生花卉园、桂花园等共计13个植物专类园，是武汉东湖风景区的一大特色。尤其是梅花、荷花以品种繁多的优势，使东湖成为全国梅花与荷花两大研究中心。各类花卉植物已成为东湖风景区最具特色的景观保护对象。从种花——赏花——花文化品牌培育，东湖风景区将花卉种植作为特色资源，充分彰显了国家级风景名胜区在加强对专类植物研究、收集和保护、美化和保育方面的作用，也为人们提供了科普教育、娱乐休息的自然场所，并为风景区不断丰富着文化魅力和内涵（图5-4）。

5-4

图5-4　东湖樱园实景
图片来源：廖晨阳 摄

（3）自然保护地的山水林田湖草

2019年，国家提出建立以国家公园为主体的自然保护地体系的要求，以此为契机，东湖风景区对区内自然资源进行了全面评估。结合生

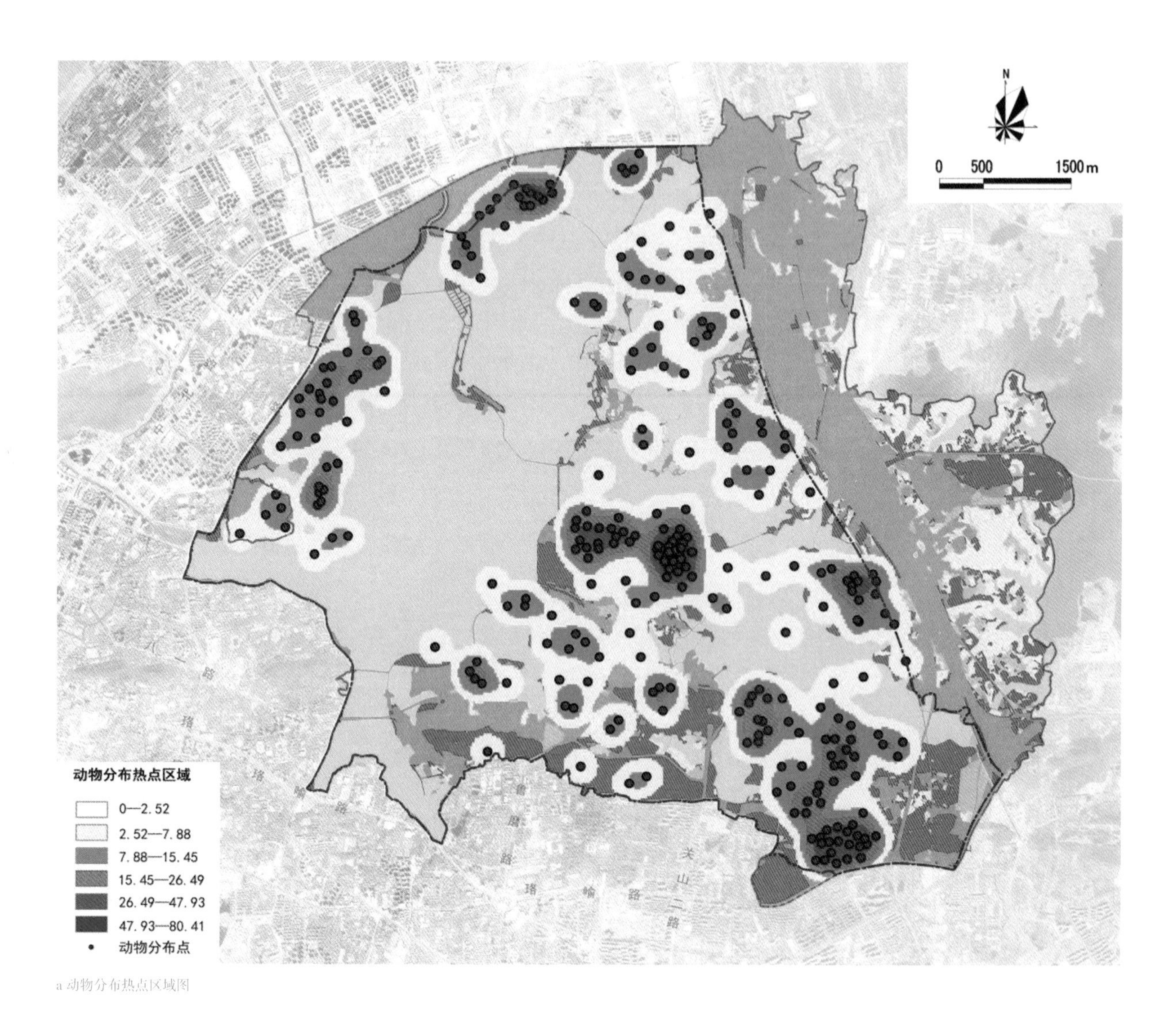

a 动物分布热点区域图

图 5-5 东湖风景区各类自然资源分布图
图片来源：武汉市规划研究院《东湖风景区自然保护地整合优化研究》

态因子调查、量化生态研究等多种技术手段，综合动物分布、鸟类迁徙、植物资源、水质检测等，运用InVEST（Integrated Valuation of Ecosystem Services and Trade-offs,生态系统服务和权衡的综合评估）模型等专业分析方法，从生物多样性维护、土壤保持、气候调节、水环境生态敏感性、生态廊道等多方面科学

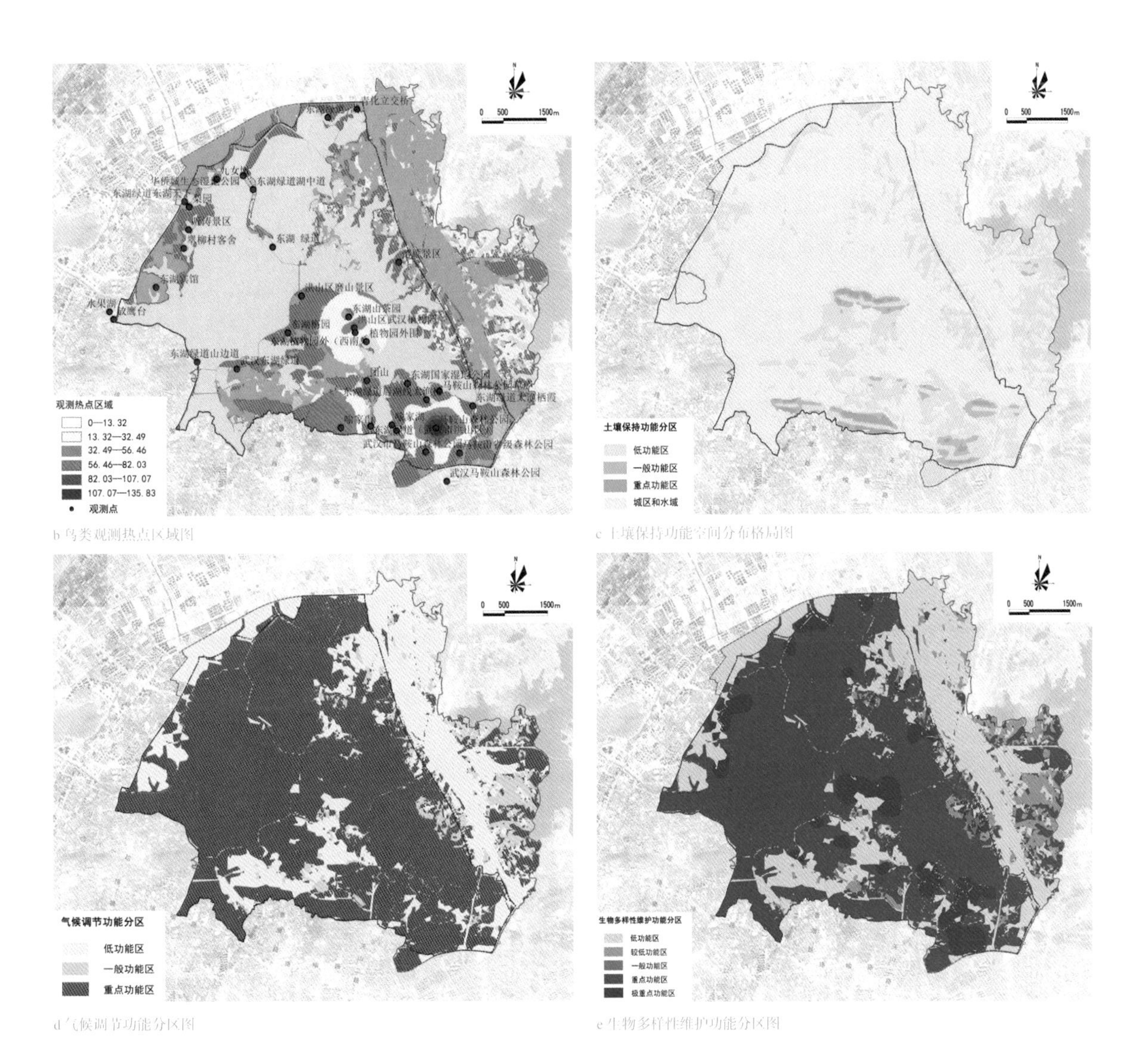

b 鸟类观测热点区域图

c 土壤保持功能空间分布格局图

d 气候调节功能分区图

e 生物多样性维护功能分区图

地评估东湖风景区生态资源，研究确定东湖核心生态资源分布，精准识别重要生态功能区、重要环境敏感区。其中，郭郑湖、汤菱湖、小潭湖、后湖、庙湖、菱角湖、喻家湖等水域，磨山、大团山、喻家山、南望山以及吹笛景区大部分区域是东湖自然资源和生态保护价值极为丰富的区域；同时，东湖主要水域、山体、林木丰富区也是本区内高生态敏感度区（图5-5）。

3. 视野拓展：从区内保护到景城协调保护

（1）大东湖生态水网的涅槃与重生

东湖属于江汉湖群中的一个浅水湖泊，新中国成立以后，逐步形成集旅游、饮水、水上运动、水产和工农业用水等多功能于一体的水系。20世纪50～60年代，东湖水体清澈，透明度达2m以上，水质介于Ⅱ类与Ⅲ类之间。至20世纪90年代初的三十年，随着经济发展、人口剧增、湖水污染、功能失调，生物多样性锐减[1]，东湖水质下降至Ⅴ类[2]。在两轮风景区总规中，虽均提出水体污染综合防治对策，但由于缺乏专项支撑和有效的治理行动，实际收效甚微。

2009年，武汉市围绕"两型"社会建设，制定《大东湖生态水网构建工程总体方案（2009年）》，首次全面评价大东湖区域水生态系统现状情况，并提出"通过构建'大东湖'生态水网，实现控源截污，生态修复，江湖相通，改善湖泊生境，提高水体自我修复能力，遏制湖泊生态退化趋势，恢复湖泊和港渠健康的生命力"的规划目标，该方案获国家发改委批复，东湖治理有了顶层设计。2012年，制定实施《主城区污水全收集全处理五年行动计划》。2014年，统筹实施"中心城区治污两年决战行动计划"，围绕东湖，推进管网建设，提高污水处理厂尾水排放标准，谋划污水深隧工程等重大项目。2017年，武汉市政府审议通过《东湖水环境综合治理规划》。通过十余年的系统规划和治理，东湖整体水质好转提升，整体稳定在Ⅳ类，局部子湖可达到Ⅲ类。

（2）东湖生态景观规划的积淀与传承

"以建促保"一直是东湖风景资源保护的重要举措。特别是在总规的指导下，2000年后陆续编制完成系列风景区建设规划，为东湖景观面貌的改观发挥了重要作用。2000年编制完成《东湖环湖景观建设规划》，指导东湖环湖景观建设综合整治一期工程建设，是风景区环境提升的一次重要实施行动，楚风园、沙滩浴场、东湖亲水平台、景点亮化工程和听涛、磨山两景区的建设均在该规划指导下完成。同年，东湖风景区编制《东湖落雁景区控制性详细规划》，是风景区首个编制并正式获批的风景区详细规划；在风景区整体保护的要求下，该规划通过对7.9km²落雁景区的整体谋划，确保景区资源保护与各项景区建设的协调性、系统性。2007年，随着城市的迅速扩张，东湖风景区正处于由城郊型风景区向城中型风景区的转型时期，凸显出一系列亟待解决的矛盾与问题。同时，武汉市委、市政府作出了加快

① 上海同济大学风景科学研究所、武汉市东湖风景区管理局1995年版《东湖风景总规》。
② 新华社新媒体数据。

东湖风景区建设步伐的战略决策；为此编制完成《东湖生态旅游风景区近期建设规划》，规划从中观层面对“城”“湖”关系进行了积极的探索，对东湖风景区的功能提升、交通组织、生态培育、景观优化、旅游配套等重大问题进行了系统性研究，提出了风景区近期建设策略，为东湖景观面貌的日新月异助力，也为2010年后东湖绿道的规划建设提供了支撑。

（3）东湖绿道与绿心的时代新章

在2011年版《东湖风景总规》获批后，东湖风景区的发展迎来良好的契机，进入快车道。2014年着手编制《武汉东湖绿道系统暨环东湖路绿道实施规划》，在随后的3年指导东湖绿道逐步建设实施。经过十余年的谋划，东湖绿道目前已基本建成，成为“改善城市公共空间的典范”。

2017年1月22日，武汉市第十三次党代会报告中提出“规划建设东湖城市生态绿心，传承楚风汉韵，打造世界级城中湖典范”，正式吹响了建设东湖城市生态绿心的号角。通过系列高水平规划，东湖风景区将以山水相依、城湖相融、人文相映为目标，建设成为城市生态、人文融合之心。

二、城市型风景区资源保护着力方向启示

1. 风景名胜区保护趋势的研判

（1）自然保护地体系建立完善

建立以国家公园为主体的自然保护地体系是贯彻落实国家生态文明战略、统筹山水林田湖草系统治理的重要举措，随着国家、省、市相继出台关于自然保护地建立的相关文件，我国自然保护地进入全面深化改革的新阶段。探索生态产品价值实现机制、科学处理保护与利用的关系、推动风景区高质量发展成为未来风景区最重要的着力方向，而对国家公园等自然保护地实行统一管理，也成为未来我国自然保护地改革的必然要求。

作为首批国家级风景名胜区，东湖拥有东湖风景名胜区、东湖国家湿地公园两类自然保护地，具有较高的生态价值、历史价值和科研教育价值，是维护武汉市生态格局安全的重要区域。

2020年风景区已着手开展自然保护地整合优化工作，“解决自然保护地重叠设置、多头管理、边界不清、权责不明、保护与发展矛盾突出等问题”将是风景区下步发展中需要解决的重点问题。

（2）风景名胜区的特色传承

1985年国务院颁发《风景名胜区管理暂行条例》，展开了全国性的风景资源普查，正式公布第一批国家级风景名胜区，发展至今风景名胜区成为具有观赏、文化或者科学价值，自然景观、人文

景观比较集中，环境优美，可供人们游览或者进行科学、文化活动的区域。值得一提的是中国的风景名胜区有别于世界上其他国家的任何保护地类型，是最具中国特色的一种保护地类型，它不是单一自然或单一文化属性的区域，而是自然和文化遗产高度融合的地域。

东湖风景区在落实国家自然保护地体系构建要求的同时，应进一步挖掘自身人文价值，彰显文化特色，将自然景观和文化景观融合保护作为首要保护目标，借鉴国际理念，结合中国国情，为建立以国家公园为主体、自然保护区为基础、风景名胜区为特色、其他保护地为补充的中国自然保护地体系进行探索。

2. 资源保护的新技术、新方法

（1）多类分析技术推动资源本底评价升级

大数据时代，高速发展的信息处理技术和精细化空间分析手段改变了风景名胜区的规划方法，提供了全新的风景名胜区资源分布、结构特征、动态人流研究思路，提升了风景名胜区规划的科学性和动态可调控性（图5-6）。不同于以往规划仅依靠官方统计数据，简单的现状调研分析结果和规划师的主观判断形成方案；大数据时代的来临推动了风景名胜区资源本底评价方法升级。通过结合GIS、RS技术和适当的现场调研，可以准确地获取风景名胜区内动植物资源的分布特征和年代演变过程，确定景区内的核心濒危动植物种类；结合上述大数据时代的风景名胜区资源本底评价新方法和传统的模型评价理论框架，实现大数据时代多维评价体系并行的资源本底评价新方法[①]。

① 任宇杰，马坤，唐晓岚．大数据时代风景名胜区规划思路与方法探讨[J]. 北京园林，2018(2):7.

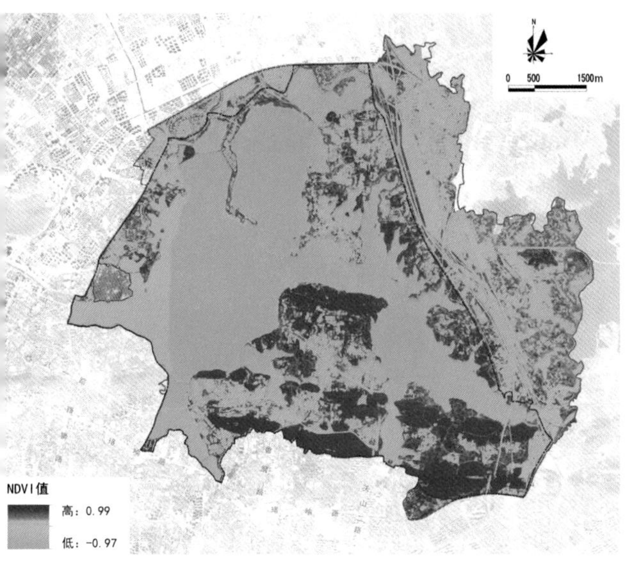

东湖风景区植被覆盖情况分析图

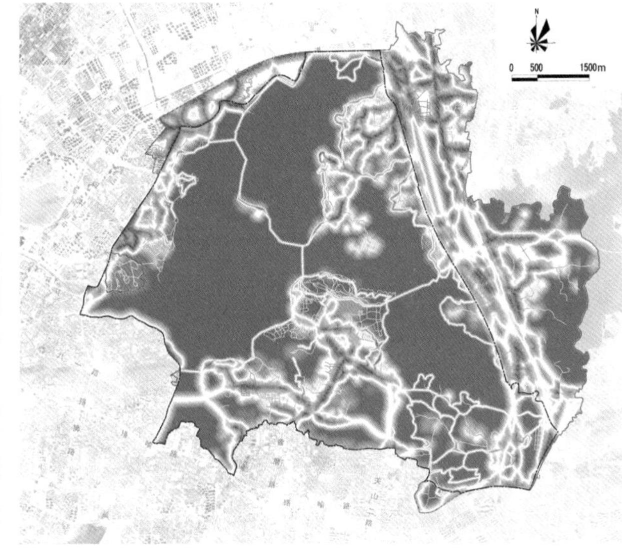

b 东湖风景区城镇化生态风险分析图

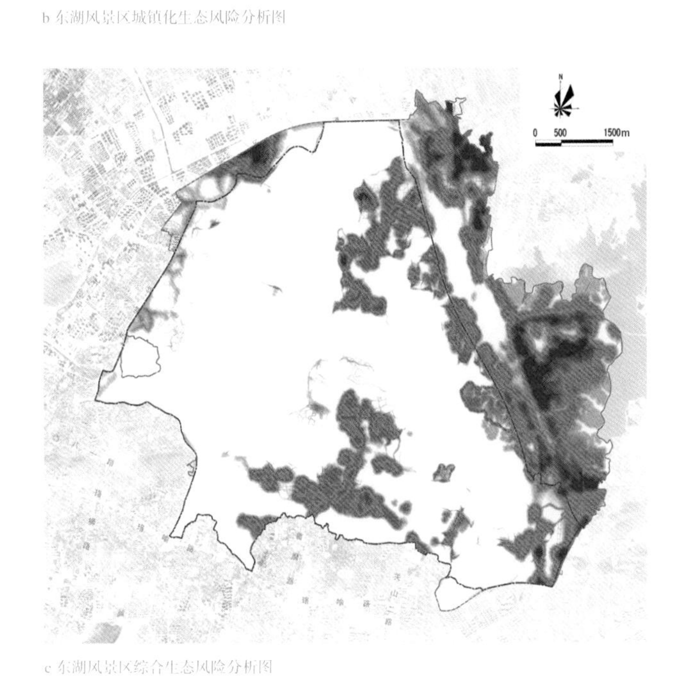

c 东湖风景区综合生态风险分析图

5-6 风景名胜区多要素资源评价图

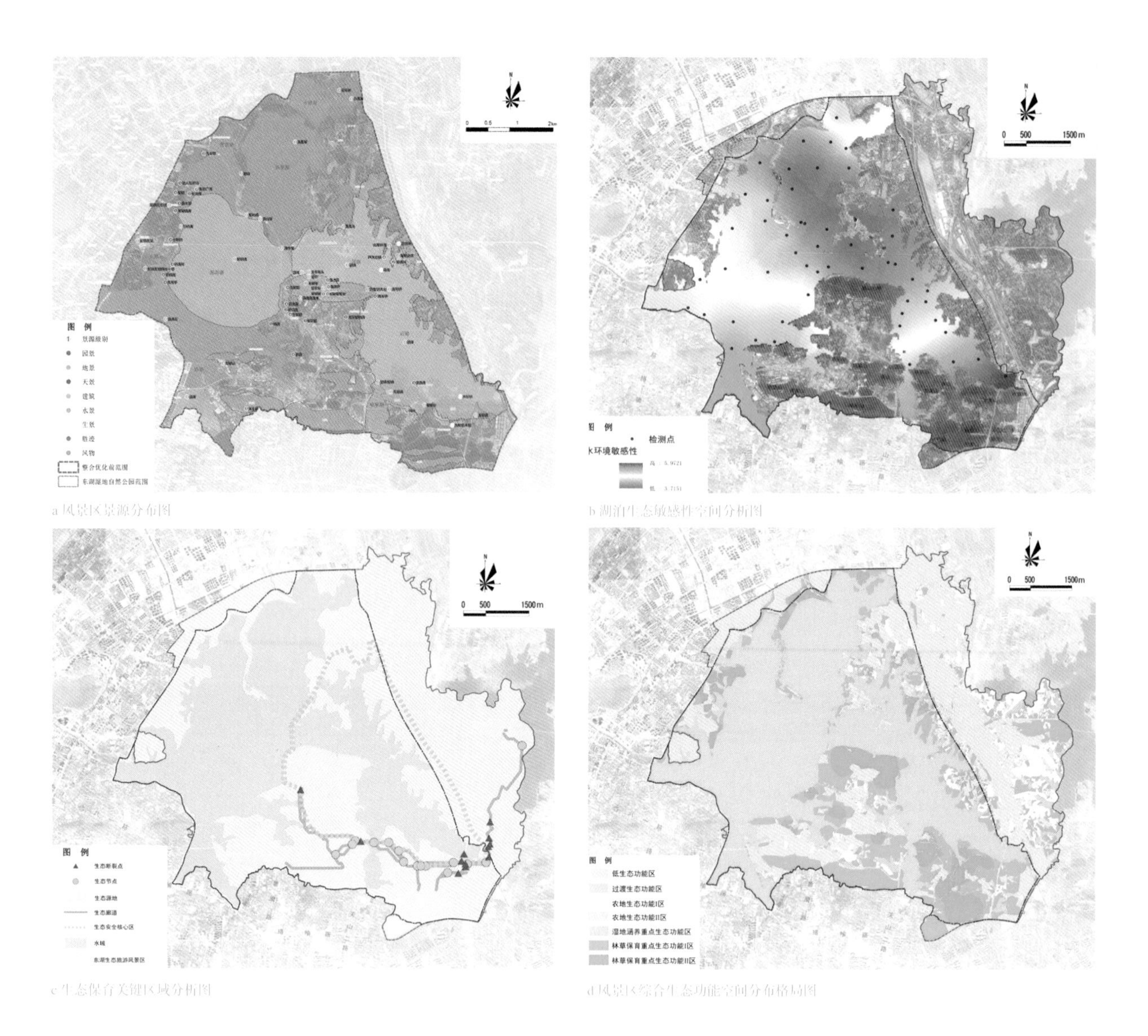

a 风景区景源分布图

b 湖泊生态敏感性空间分析图

c 生态保育关键区域分析图

d 风景区综合生态功能空间分布格局图

图 5-7 多要素分析下的核心景区识别示意图

(2) 多源数据综合评估助力核心景区识别

传统的风景名胜区空间战略规划，主要基于风景名胜区上位土地利用规划数据，从历史文化价值、经济效益、美学价值、生态敏感度等方面构建指标评价体系，从宏观尺度识别、划定风景名胜区内的核心点、面（图5-7）。这种规划方式忽略了风景名胜区的使用者从微观尺度上对风景名胜区战略规划的影响，较难准确反映风景名胜区的发展侧重点及其使用者满意度。特别在东湖这样一个城中型风景区，更需要通过深入调研人的活动和需求情况，才能更准确地研判“建”与“非建”的边界。通过收集社交网络和移动智能设备产生的位置信息数据，可以分析风景名胜区内游客及其好友在固定时间段内的活动、停留规律，进行聚类分析以识别核心景区（图5-8）。通过游客产生的定位、签到记录信息大数据，结合包含

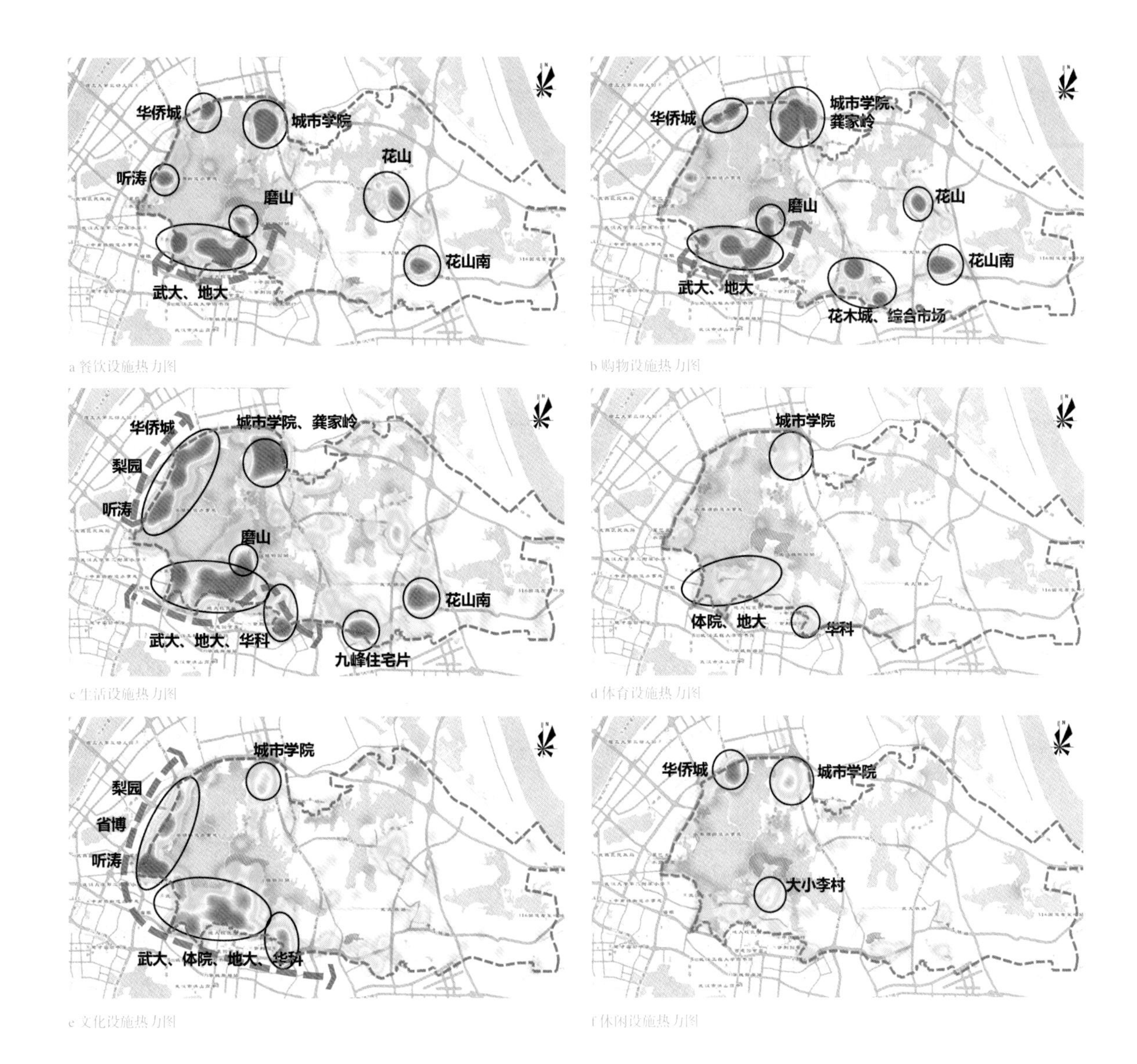

图 5-8　大数据分析支撑下的景区划分示意图
图片来源：武汉市国土资源和规划局《武汉东湖绿道系统暨环东湖路绿道实施规划》

游客人文情感的社会元素，以风景名胜区旅游地图、游客分布热力区、地图网站的咨询信息大数据为基础，划定风景名胜区核心区和各个功能分区范围，实现规划过程中宏观与微观的互补[1]。

（3）互联网平台促进“智慧景区”建设方案

通过“智慧景区”建设方案在信息化时代的推广，实现对景区地理信息、自然资源、旅游者行为、景区工作人员行迹、景区基础设施和服务设施进行全面、透彻、及时地感知，由此可对基础设施布局、游览线路组织、景点建设等提出优化提升方案。在2018年出台的《湖北省风景名胜区条例》中还要求在新时代通过科学的管理方式，提升景区品质，如通过科学的动态监测、预警预报，制定合理

[1] 任宇杰，马坤，唐晓岚．大数据时代风景名胜区规划思路与方法探讨[J]. 北京园林，2018(2):7.

的游客流量控制方案，对游客进行最大承载量控制，禁止超过最大承载量接纳游客，确保景区平稳运行；提升服务品质和游客旅游体验等。目前我国已在全国范围内推行了多个数字化风景名胜区（即智慧景区）试点。由此可以预见未来我国风景名胜区基础设施工程建设、运营管理必然以"数字化"为发展趋势，体现更高、更科学的规划建设和管理水平。

3. 自然资源保护的制度细化完善

（1）自然资源登记制度

健全国家自然资源资产管理体制是健全自然资源资产产权制度的一项重大改革，也是建立系统完备的生态文明制度体系的内在要求。"健全自然资源资产产权制度和用途管制制度。对水流、森林、山岭、草原、荒地、滩涂等自然生态空间进行统一确权登记，形成归属清晰、权责明确、监管有效的自然资源资产产权制度[1]。"风景名胜区是一种公共利益，只有由代表公共利益的国家对其进行管理才能最令广大群众放心。现在的风景名胜区主要由地方政府管辖，但地方政府涉及的管理范围过广，因而在这些方面权威性不高，局限性却很大，容易造成条块分割、各自为政的局面，难以实现对整个景区的宏观全面地把控。由国家来管理这些风景名胜区和世界遗产，权威性高，针对性强，可以就自然、文化、自然与文化复合三大类遗产进行分层分条管理，能有效而有条理地进行保护与开发，这也是建立自然保护地体系的重要意义。上述工作的基础就是建立健全风景名胜资源保护的各项管理制度和技术规范，对风景名胜资源进行调查评估、鉴定登记、建立档案，这样才能对风景名胜区内的文物古迹、历史建筑、传统民居、古树名木、野生动植物资源、特殊地质地貌等各类不同的风景资源提出有针对性的保护措施。

（2）准入管理制度

随着国家生态文明建设深入开展，对自然资源的保护与利用方式逐渐由"强管控"向"重引导"转变，通过明确准入项目、细化建设控制要求等制度设计，既能更好地守住底线，也能进一步实现"提供更多优质生态产品以满足人民日益增长的优美生态环境需要"的要求。在国家、省、市相关法规中，都对风景名胜区内禁止从事的建设活动予以了规定。同时，武汉市自2012年开始实行基本生态控制线管理，明确指出对基本生态控制线范围内的建设项目实行准入管理。2016年《武

① 党的十八届三中全会《中共中央关于全面深化改革若干重大问题的决定》

汉市基本生态控制线管理条例》正式施行，其中对生态线内确需建设的项目类型、建设要求、规划及项目审批条件均作出了明确规定。随着消费升级，风景名胜区内出现了一些对生态环境低影响的休闲新业态，如民宿等，但由于缺乏细化规定，对此类项目是否符合准入要求尚无统一技术标准。为此，需进一步对风景名胜区新增项目准入细化研究，在对自然资源严格保护的前提下，研判新功能、新业态的发展需求，提出切实可行的项目准入论证细化标准。

（3）评估监测机制

2020年，为加快建立自然资源统一调查、评价、监测制度，健全自然资源监管体制，切实履行自然资源统一调查监测职责，自然资源部印发了《自然资源调查监测体系构建总体方案》，提出了“构建自然资源调查监测体系，统一自然资源分类标准，依法组织开展自然资源调查监测评价，查清我国各类自然资源家底和变化情况，为科学编制国土空间规划，逐步实现山水林田湖草的整体保护、系统修复和综合治理，保障国家生态安全提供基础支撑，为实现国家治理体系和治理能力现代化提供服务保障”的总体目标。摸清自然资源底数，全面掌握山水林田湖草等自然资源状况，在此基础上强化全过程质量管控，保证成果数据真实准确可靠；依托基础测绘成果和各类自然资源调查监测数据，建立自然资源三维立体时空数据库和管理系统，实现调查监测数据集中管理；分析评价调查监测数据，揭示自然资源相互关系和演替规律，建立自然资源统一调查、评价、监测制度，形成协调有序的自然资源调查监测工作机制，成为未来东湖风景名胜区在制度完善方面的重点发展要求。

WuHan Sailing Club 武汉大海阳光帆船俱乐部

第六章 6

服务新经济、贴合新诉求：大东湖旅游产业的兴与荣

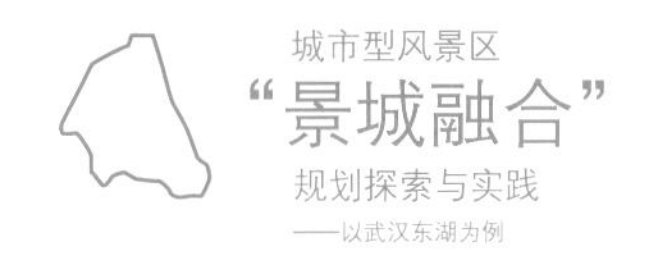

一、东湖风景区旅游业发展策略演变及成效

1. 旅游定位及功能业态：从观光览胜到多元文旅

新中国成立之前，东湖作为文人雅士吟诗作赋、尽兴游玩之处，仅有观光游览功能萌芽，缺乏设施支撑。新中国成立之后，随着人民游赏需求的变化及城市文化软实力的发展，依托多年来的规划以及业态导入措施，东湖旅游定位及功能业态也实现了从“观光览胜”到“多元体验”的蜕变。

新中国成立后到20世纪90年代，是我国旅游产业初步发展阶段，由于国民经济水平、综合国力等方面因素，东湖主要成为宣传我国建设成就、传统文化的外交场所，同时承担一部分本地市民近郊游赏功能①，这一阶段东湖的旅游定位主要用于满足市民及国外游客的“观光览胜”需求，其旅游服务业态发展主要呈现三大特征。

一是“旅游景点+服务配套设施”的初步构建。“旅游景点”主要包括从新中国成立后到20世纪90年代先后建成或修缮的先月亭、听涛轩、楚天台、湖光阁、欸乃亭、行吟阁、沧浪亭、屈原纪念馆、长天楼、濒湖画廊等（图6-1），以满足市民“郊野览胜、获取知识、增长见闻”的旅游需求；而“服务配套设施”主要是从1967年的滨湖画廊厕所开始的一系列景点游览配套厕所，以及诸如听涛酒家、天然浴场、茶室等简单餐饮、短期住宿等初级旅游配套设施；旅游综合体理念已有所萌芽，1995年版《东湖风景区总规》（图6-1）中，提出要在东湖西侧布局一处旅游城，功能涵盖旅游接待中心、商业购物中心、现代化管理中心等（图6-2）。

二是旅游设施的文化内涵主要聚焦传统文化领域。将“三国文化”“荆楚文化”“革命文化”等传统文化要素渗透进各类古朴别致的亭、台、楼、阁、桥、榭、厅、轩等建筑物，例如1995年版《东湖风景区总规》的景区分区板块，在磨山景区布局楚文化游览区，并依托新建的楚天台、楚市、楚城门、离骚碑等景点来体现“楚国的民族拓荒史和文化发展史”，而在落雁景区布局楚地民俗风景文化旅游区，设置楚国古代射箭场、龙舟俱乐部、楚食街、渔夫村等娱乐及服务配套设施，并在白马景区提出应适当恢复建设有关三国历史故事为内容的景点。

三是其体验方式、受益渠道单一，旅游停留时间、游客数量及旅游收入均难以提升。根据1995年版《东湖风景区总规》对1991年以前旅游人次的梳理发现，1979年以前东湖风景区全年旅游人次均在52万人以内，1980～1985年由于新开辟了磨

① 程玉，杨勇，刘震，等．中国旅游业发展回顾与展望[J]．华东经济管理，2020，34(3):9.

图 6-1　20 世纪 90 代以前东湖风景区传统旅游设施

a 楚天阁

b 湖光阁

c 屈原纪念馆

d 阅湖轩

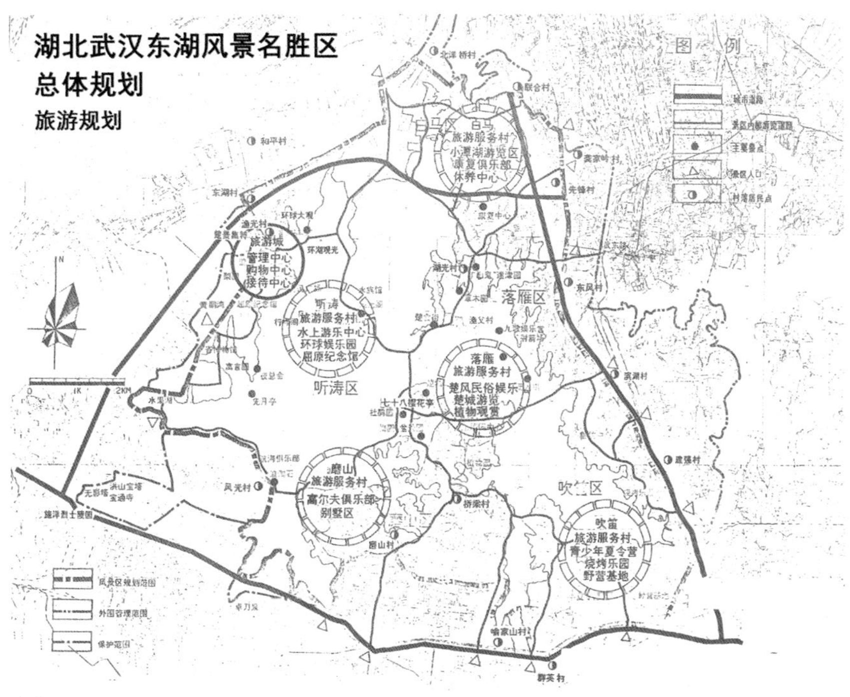

6-2

图 6-2　1995 年版《东湖风景区总规》中的旅游规划分区图

图片来源：上海同济大学风景科学研究所，武汉市东湖风景区管理局. 武汉东湖风景名胜区总体规划（1995 年版）

山游览区，游客量有过短暂的提升，但后续又因游览景点设施的老化、改进效率降低等原因，游客量持续下降（表6-1）。

东湖风景区1949～1991年全年旅游人次统计表（单位：万人次） 表6-1

年份（年）	旅游人次（万人）	年份（年）	旅游人次（万人）
1949	0.08	1979	111.08
1950	0.12	1980	129.95
1951	0.12	1981	145.05
1952	2.50	1982	165.50
1953	10.00	1983	201.22
1954	8.00	1984	223.40
1955	9.00	1985	337.07
1956	12.00	1986	300.00
1957～1960	—	1987	255.00
1961	51.23	1988	260.00
1962	40.89	1989	148.00
1963	27.58	1990	179.00
1964～1978	—	1991	159.00

20世纪90年代到2015年绿道建成前，随着人民消费水平的快速提升，我国大众旅游开始兴起。旅游行为也由稀缺逐渐变得日常化，在传统的观光览胜和增长知识之外，市民日益希望在日常工作之余的便捷可达之处，通过更多参与性的游赏项目，得到返璞归真、亲近自然、放松身心的体验，故2011年版《东湖风景区总规》职能定位转变为"国际知名的生态风景区、城市滨湖休闲区、重要的旅游目的地、浓郁的楚文化特色游览胜地"，体现出从"以人为本"角度对人们旅游需求转变的响应，这一阶段东湖旅游服务业态主要呈现以下两大特征。

一是业态丰富性上，"吃住行游购娱"一体化旅游设施体系初步建立。在2011年版《东湖风景区总规》中，构建了旅游服务区（旅游村）、旅游服务点和旅游服务部三级旅游服务设施，2012年版的《东湖风景区旅游开发规划》中就针对磨山、落雁景区开展旅游概念性规划，其中针对

6-3

6-4

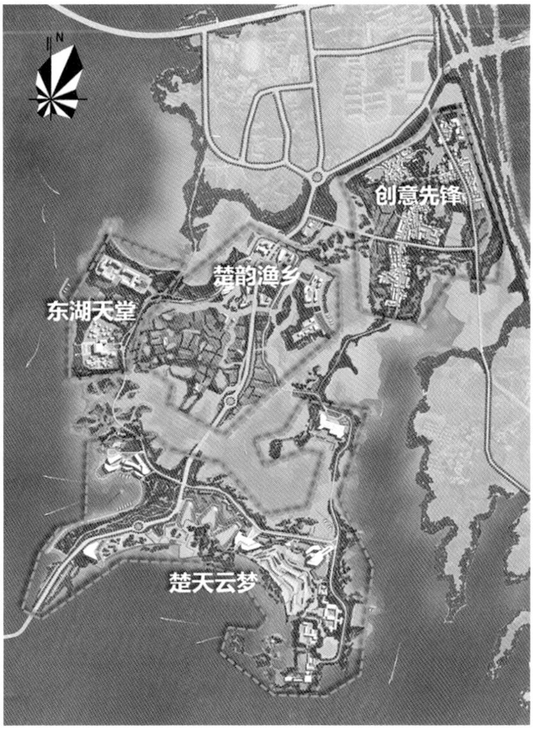

6-5

图 6–3　梅岭小镇片区概念规划楚文化乐园亲水广场效果图
图片来源：武汉市规划研究院 东湖风景区旅游开发规划
图 6–4　梅岭小镇片区概念规划楚文化乐园美食港效果图
图 6–5　落雁—梦里水乡概念性规划总平面图（2012）
图片来源：同图 6-3

磨山片区，提出要打造为“具有世界影响和品牌吸引力的滨湖旅游胜地、生态旅游综合体、生态旅游服务特色小镇（图6-3、图6-4）、亚洲植物基因库和世界花卉新品研发基地”，针对落雁片区则通过休闲公园、高端酒店、中高端餐饮、休闲度假小镇、创意产业区等项目的导入，打造成“经典东湖、魅力东湖、国际东湖的先行示范区，中国知名特色生态文化旅游综合体”（图6-5）。

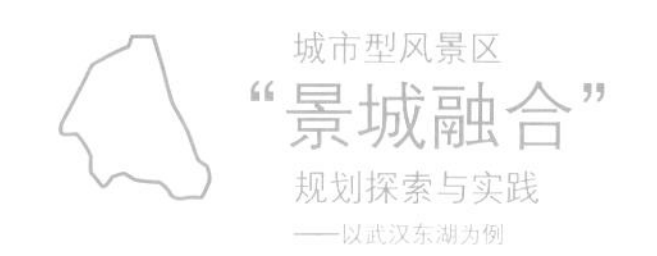

6-6

图 6-6　华侨城欢乐谷
图片来源：徐任杰 摄

二是文化内涵在传统文化基础上拓展了主题体验、现代游乐等元素，能够满足人们观光览胜之外，猎奇寻趣、放松身心等的精神需求。依托东湖的优美自然风光以及周边丰富的基础配套设施等先天优势打造主题乐园，形成了华侨城欢乐谷（图6-6）、东湖海洋世界等旅游产品的典型代表。

2015年以后东湖旅游业态更迎来了新的提振，主要源于两方面的驱动力。一方面旅游产业已经渗透到国民生活的方方面面，低频次、长时间、低深度的旅游逐渐向高频次、短时间、高深度的旅游发展，市民对于在旅游中满足精神文化诉求日益强烈，我国正式进入“全域旅游”时代；另一方面，2020年新冠感染疫情后，大多城市近郊地区由于交通耗时短、无需出城等先天优势快速成为市民的郊游首选，东湖风景区也日益成为武汉市民近郊“微旅游”的主要目的地之一。在此背景下，东湖风景区提出应围绕“建设城市生态绿心，打造城中湖典范”的战略目标，全力建设成山水相依、城湖相融、人文相映的生态典范，成为彰显楚风汉韵、滨湖休闲、

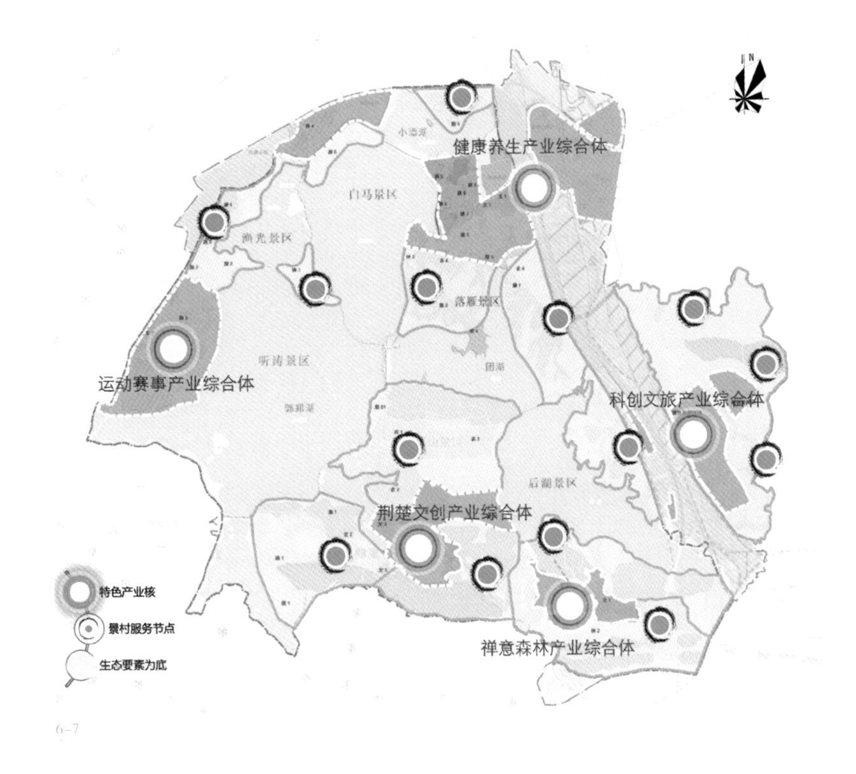

图 6–7　东湖风景区五大“生态+”主题产业综合体示意图
图片来源：武汉市规划研究院《东湖生态旅游风景区产业空间布局规划》

文化多元的文旅胜地，体现出东湖将成为引领城市空间高质量发展的“绿色引擎”，具体表现在以下三方面。

一是沉浸式文旅综合体理念的出现。《东湖生态旅游风景区产业空间布局规划》中基于以生态要素为底，特色产业为核，景中村为载体，形成“特色产业核+景村服务节点+生态休闲园区”的五大“生态+”主题产业综合体（图6-7），主题涉及运动赛事、荆楚文创、禅意森林、科创文旅、健康养生等，各个主题旅游产业综合体通过充满创意和想象力的“异境”创造，配套以体系完整的休闲娱乐业态，进而打造成不同主题的生活方式体验区。

二是“景点”与“旅游配套设施”边界日益模糊。在吹笛和磨山景区，时见鹿书店本身作为绿道驿站配套设施（图6-8），通过整合书籍阅览、文创售卖、咖啡茶座、文化会议、民宿餐饮等具备浓厚文化艺术氛围的功能空间，并结合知识产权（IP）活动营销，成为片区慢生活方式的代表性景点。在此引领下，周边先后出现了由景中村自主改造打造的东湖小白、陶艺馆、下午茶餐厅等文化体验型业态（图6-9、图6-10），俨然成为一种文化生活方式的深度体验区。

图 6-8　时见鹿书店
图片来源：廖晨阳 摄

图 6-9 Latte&Pinecones 咖啡厅

6-9

图 6-10 树下咖啡店
图片来源：王晓璐 摄

6-10

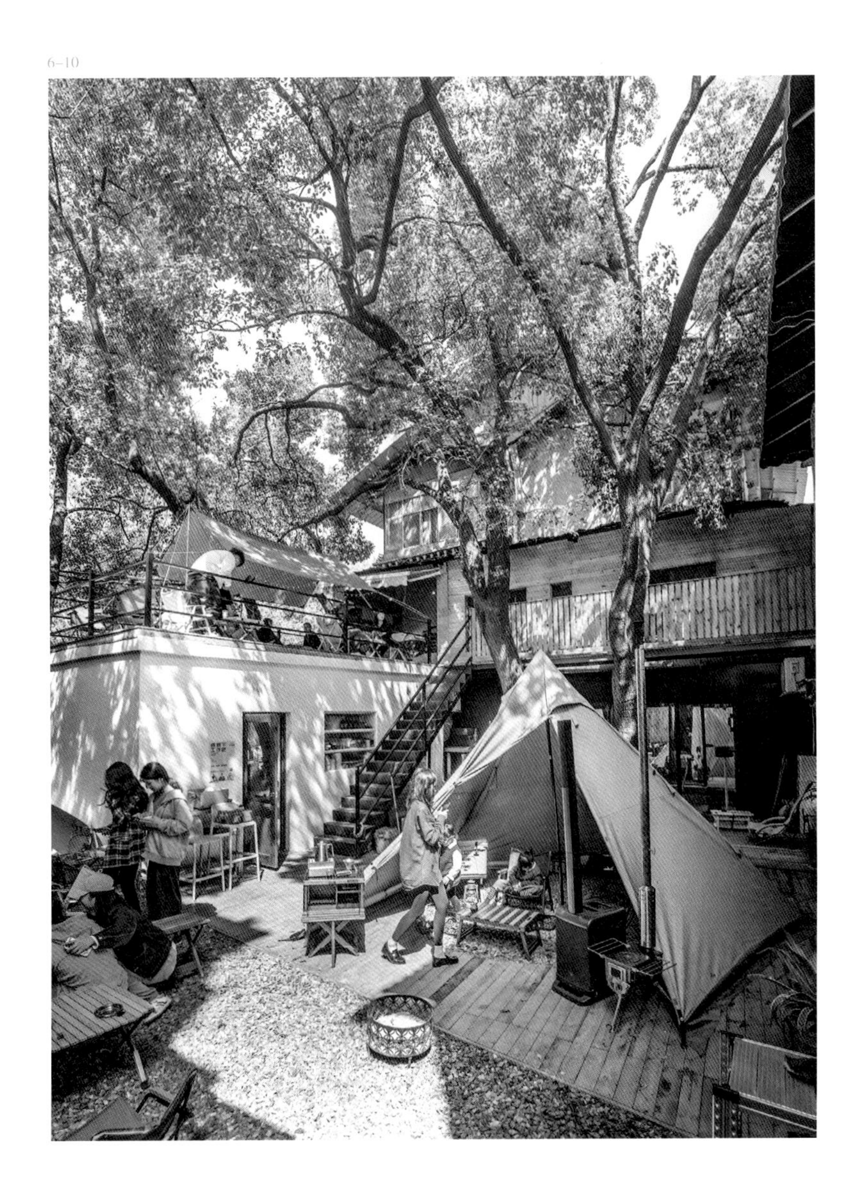

三是旅游产品文化内涵更为多元。不仅在传统文化领域探索了新形式的旅游产品，在新型文化消费领域也在不断地拓展，比如利用存量村湾及生产设施改造的杉美术馆、时见鹿书店，均实现了传统休闲产业在艺术展览、电视传媒等文化领域的拓展，东湖音乐节、“跳东湖”活动的举行，相关文创产品的商业化（图6-11），也为东湖的文化注入了新鲜血液，东湖的旅游项目不仅成为大武汉旅游的吸引中心、消费中心，也日益成为“大东湖”当代文化的特色载体，激发了传统空间的生机活力。由此可见随着城市社会经济的快速发展，东湖风景区的发展定位也实现从“空间生产 — 功能生产 — 价值生产”的职能转变和“环境资料 — 景观生态资源 — 人居资本”的价值转化（表6-2）。

a 杉美术馆

b“东湖之眼”摩天轮

c“跳东湖”活动 | 图片来源：黄大头 摄

d 音乐表演秀 | 图片来源：黄大头 摄

图 6-11 多元共建的“微改造”建设模式核心要点——落雁片区慢生活体验服务设施

东湖旅游业态演变情况一览 表 6-2

发展阶段	人群需求	文化要素	特色旅游设施	业态类型
新中国成立后～20世纪90年代	获取知识、增长见闻	三国文化、楚文化	楚天台、湖光阁、屈原纪念馆	观景、展示、餐饮
20世纪90年代～2015年	猎奇寻趣、放松身心	生态文化	东湖海洋乐园、欢乐谷	游乐、休闲、大众餐饮
2015年至今	文化体验、精神归属	艺术文化	杉美术馆、时见鹿书店、东湖177、大李文创村	书店、绘画、展览、节事、生活方式体验

2. 运营方式：从行政主导到多元共建

早期的东湖风景区依托管理体制的逐步完善，为旅游设施系统性建设奠定了基础。东湖风景区在新中国成立后70多年的发展历程中，为适应不同阶段的需求，相继在20世纪50年代组建东湖建设委员会，80年代国家风景名胜区制度建立后设置东湖风景区管理局，2006年设立武汉市东湖生态旅游风景区管理委员会，通过景区与省、市政府行政关系的优化、景区内部职能机构设置的调整，全面提升政府在风景区保护与发展建设中的自主性和有效性。同时，东湖风景区在1998年和2007年制定和修订完善了《武汉东湖风景名胜区管理条例》，确保风景区规划建设有法可依，满足了国家对风景区“一区一法”的管理要求（图6-12）。依托多年的发展，东湖风景区基础设施日益完善，极大地改善了风景区内外交通、住宿、餐饮、环卫等基础设施，以及游客中心、旅游集散中心等旅游服务设施。

早期“行政主导”的旅游配套设施建设，总体盈利模式仅停留在简单的门票经济，难以形成风景区有效的资金循环。为进一步调动市场各主体对景区建设的积极性，东湖风景区尝试与市场主体进行合作，以“文旅＋商业”的方式丰富东湖风景区旅游产业的发展模式，探讨实行资源有偿使用和特许经营制度，位于东湖风景区西北部的“欢乐谷”旅游综合区就是典型代表。通过用“空间换活力”的策略，运用灵活的土地政策，将濒临景区土地出让给实力强企进行整体运营，搭建政企协同机制，对出让用地的功能、强度、风貌进行控制，保证东湖风景区整体功能的完整及协调。

图 6-12 东湖风景区行政及管理体系演变历程

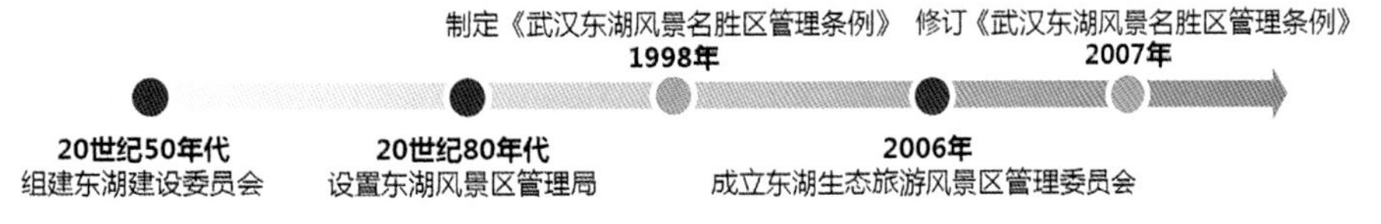

6-12

从2014年开始，随着东湖旅游产业的纵深发展和民间自治能力的逐步提升，东湖“景中村”逐渐探索出一种“微改造”模式，通过“政府主导、平台引领、专业引导、村委协助、多元参与”的方式，由东湖景区管委会主导，依托武汉旅游发展投资集团有限公司等国企为整合平台，通过社区及村委会的协助，引入高校团队进行精细化的产业及空间谋划，并借助社会市场力量的引入，形成全民共建共享的风景区文旅综合体建设模式，大、小李村就是以上运营方式的典型代表（图6-13）。

3. 游憩空间布局：从自组成园至城景共生

（1）第一版东湖风景区总规，“自组成园”布局模式，重点打造亮点景区

改革开放后至20世纪90年代初，东湖风景区景点及服务设施以行吟阁（观赏）、濒湖画廊（观景）、屈原纪念馆（展示）、湖滨客舍、碧波宾馆（为特定人群提供住宿服务）为主，主要分布在听涛及磨山滨水沿线，呈现单纯滨水延展布局模式，功能局限，旅游产业链条发展缓慢。1995年版《东湖风景区总规》主要立足既有景点及设施，沿水岸线或重点道路增设旅游服务设施（湖光阁水族馆、航海俱乐部），设施门类、功能有所拓展，同时初步形成了听涛、磨山、落雁、吹笛、白马五大分区雏形，但其空间建设重点仍以听涛和磨山景区为主（图6-14）。

（2）第二版东湖风景区总规，“系统整合”模式，重视风景区的全域旅游提振

第一版总规编制过后的近20年，东湖风景区旅游服务版图有所扩展，在五大景区划分基础上，听涛、磨山景区建设初具雏形，落雁和吹笛景区旅游项目略有发展，旅游配套设施初具体系，按照2011年版《东湖风景区总规》说明书中规划实施情况回顾:“景区内的商业服务设施主要有副食店、小商亭共计16处，餐厅有人民餐厅、听涛酒家、湖畔餐厅等3处，宾馆（招待所）有碧波宾馆、湖滨客舍等9处，娱乐设施有滑道、索道、水上跳伞、八一游泳池等4处，商业和娱乐设施总计39处。”但总体来说，仍存在各景区的特色不够鲜明，定位也不明确，五大景区面积相差过大等问题（如听涛、吹笛、磨山面积过大，内部主题不突出需细化分区，白马范围过小），限制了东湖旅游的进一步发展。为了应对新时期风景名胜区发展的新形势，同时进一步提升风景名胜区的形象，实现质的飞跃，2011年版《东湖风景区总规》对东湖风景名胜区的景区划分及特色定位作出合理的调整，按照“面积均衡、特色彰显”的原则，形成听涛、渔光、白马、落雁、后湖、吹笛、喻家山、磨山八大景区，并通过风景游赏系统、旅游设施体系、“特色＋综合”型游览线路的串联，基本形成了主题化、系统性、全域性的游憩空间布局方案（图6-15）。

“纵横结合的权限职责划分”

确保项目工作组织、资金筹措、运营施工各司其职

工作组织	鲁磨路沿线非文创建筑建设：由景区管委会负责 文创建筑：文创馆主负责 其他建筑：由景区管委会提供立面改造方案，村民和商户自主施工
费用来源	文创建筑改造费用：由文创馆主自己承担 商铺和村民房屋改造费用：由景区管委会进行部分补贴

“多元协商建设平台的搭建”

统筹项目建设管理平台

主导:东湖景区管委会

武汉旅游发展投资集团有限公司	村民、文创馆主和商户	桥梁社区居委会	大李村文创合作社
协助	配合	协助	监督

“软硬结合的空间微改造”

改善环境品质同时，兼顾提升村湾文化软实力和品牌效应

物质空间	路网：对路网进行合理规划，巧妙布局 公共空间：以拆除4栋建筑（皆为违建建筑或危房）的最小代价，打通全村道路系统，拓展公共空间 建筑改造：以立面整治为主，以最小花费协调村庄风貌
文化内涵	标识系统：赋予巷道充满艺术气息的路名 景观小品：融入道路指示牌、座椅、路灯等景观小品的设计

6-13

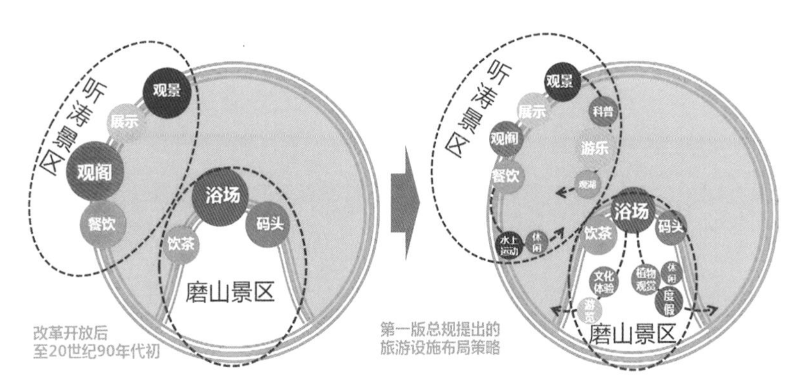

6-14

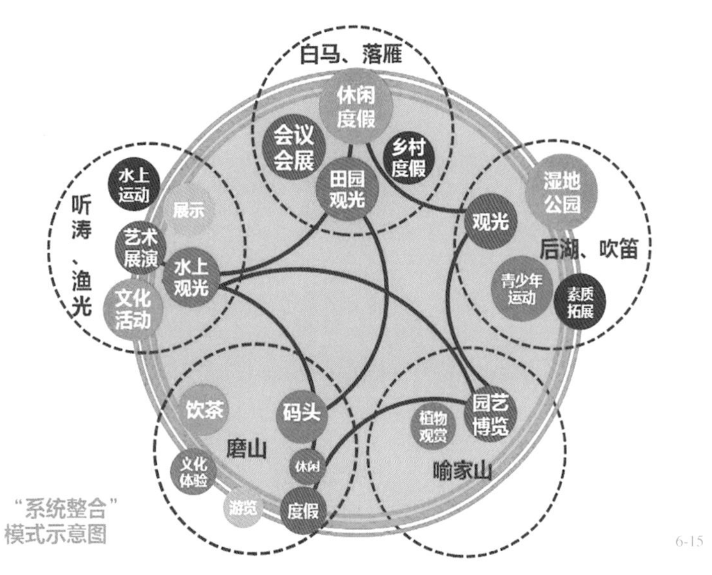

6-15

图6-13　大李村多元共建的“微改造”建设模式核心要点
图6-14　东湖风景区第一版总规提出的旅游服务功能布局模式示意图
图6-15　东湖风景区第二版总规提出的旅游服务功能布局模式示意图

（3）2010年以后，“城景共生”模式，探索公园城市理念下的区域一体化

随着城市空间的不断拓展，东湖风景区与城区的关系愈发紧密，规划者们逐渐意识到需要进一步强化风景区与城市联动发展的机制。《东湖风景区分区战略研究》中提出西北部与杨春湖联动，发展会议会展；西南与黄鹂路楚文化联动，发展文化创意；东部与严西湖、严东湖、九峰森林公园旅游一体化发展，同时承接部分景区村民还建，发展低密度、低强度的生态旅游小镇（图6-16）。总体理念是在区域联动视角下，充分发挥东湖人居资本价值，促进景区与城市功能互补融合。

通过旅游产业空间布局模式的不断优化，东湖风景区旅游设施不断优化完善，成为服务游客的欢乐之源。通过调取2005～2018年东湖风景区旅游服务设施用地变化情况可知，一是旅游服务设施用地呈现“小规模、分散化”的布局模式（表6-3、图6-17）；二是空间分布也由听涛、磨山景区逐渐向东侧的落雁、白马、后湖等城郊型景区拓展，实现了以点带面，带动了全域游赏化。

2005年与2018年东湖风景名胜区旅游服务设施用地对比情况　　表6-3

2005年		2018年	
用地规模（hm^2）	占比（%）	用地规模（hm^2）	占比（%）
101.02	6.84	181.17	12.36

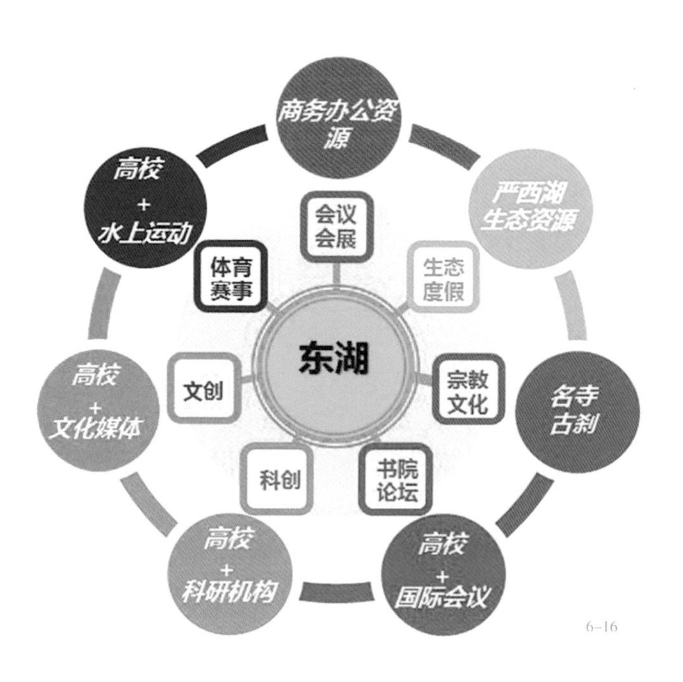

图6-16　城景共生功能布局模式图
图片来源：武汉市规划研究院《东湖风景区分区战略研究》

图 6-17　2005 年与 2018 年东湖风景名胜区旅游服务设施用地对比图

（2005 年）

（2018 年）

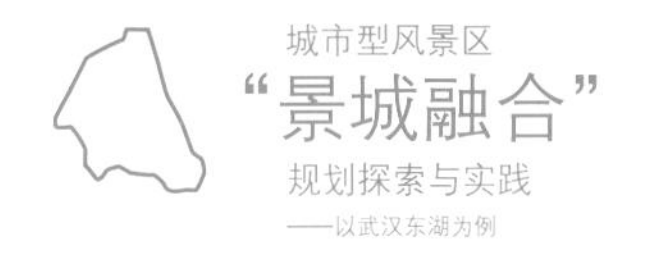

二、城市型风景区旅游产业未来发展趋势与展望

伴随改革开放40多年，我国旅游事业逐渐融入市民的日常生活，成为美好生活的重要组成部分。在此进程中，以武汉东湖风景区为代表的风景名胜区景点，扮演了关键角色。历史证明，城市型风景区是国家旅游的地理标志，也将是城市创新发展的重要空间载体。立足都市近郊景区，面向东湖风景区未来旅游产业的发展，未来仍需要从以下几方面进行突破与创新。

1. 全域旅游下旅游空间的泛景区建设

经过多年的发展，尽管东湖风景区依托华侨城等大型文旅项目的导入，景区旅游配套服务设施体系日益丰富，东湖绿道等文旅品牌逐步推广，但在景城融合方面，通过与纽约中央公园进行横向对比[1]，东湖周边在旅游设施、服务类企业集聚度、土地价值提升方面仍差距较大。如图6-18所示，纽约曼哈顿四、五星级酒店、主要购物街

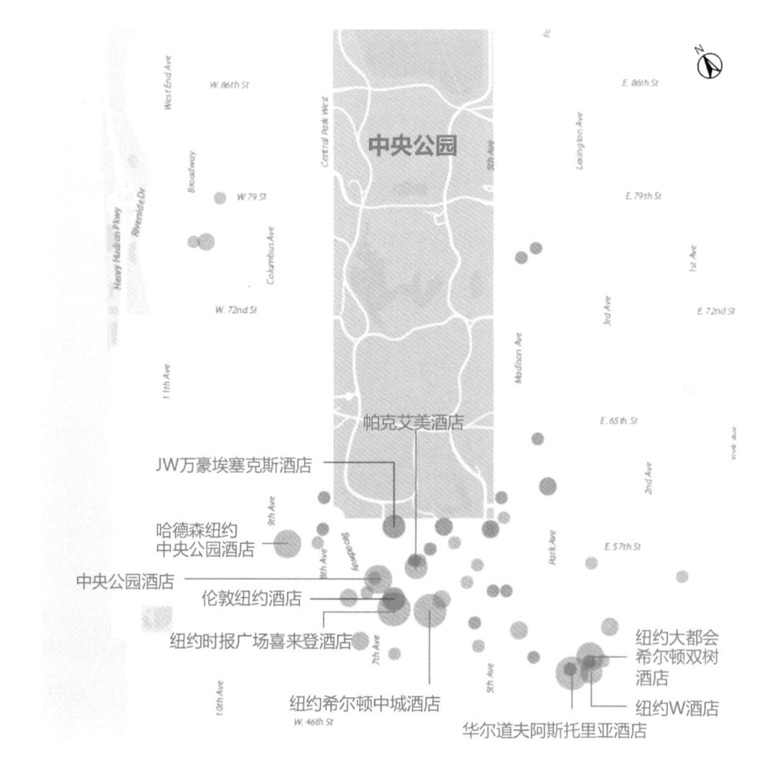

a 纽约四、五星级酒店分布图

图6-18 《纽约中央公园经济影响评估报告》中纽约中央公园对周边酒店、购物街区、公寓、房屋缴纳金等要素的影响力关系

① 韩若楠，王凯平，张云路，等. 改革开放以来城市绿色高质量发展之路——新时代公园城市理念的历史逻辑与发展路径［J］. 城市发展研究，2021，28（5）：7

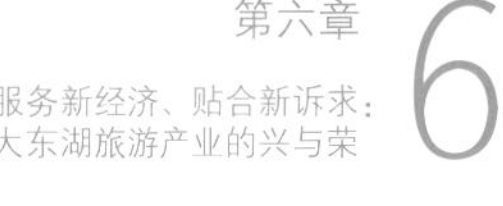

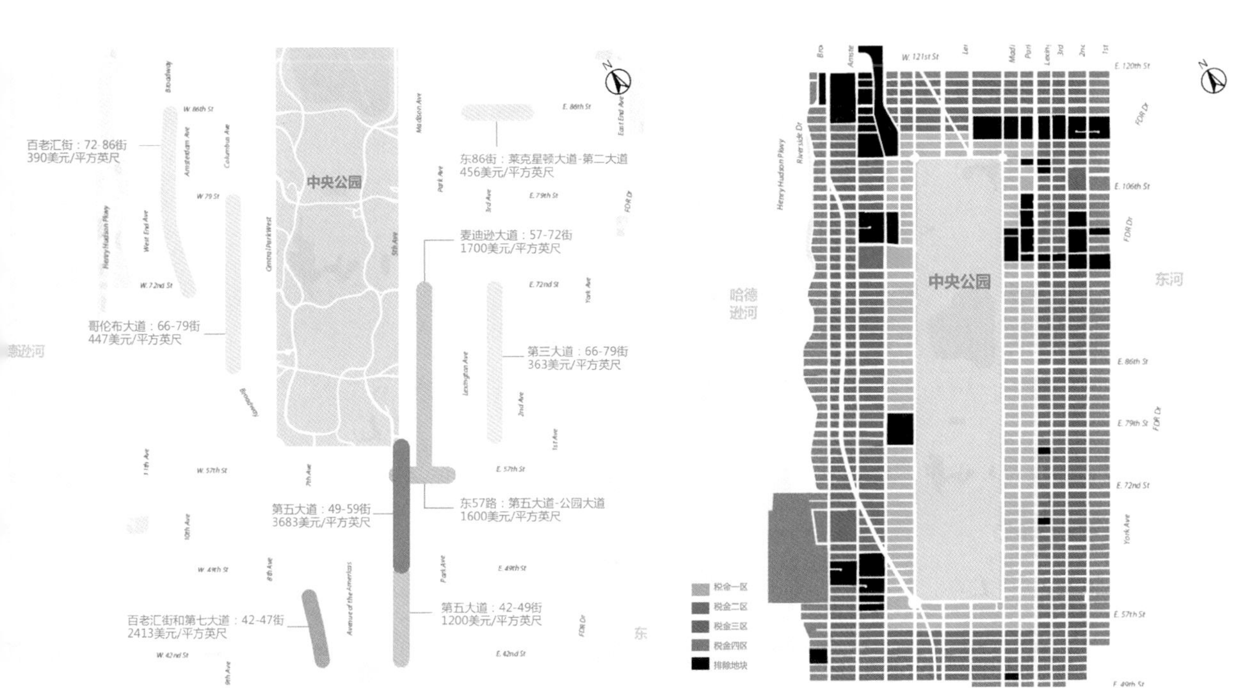

约主要购物街区分布图

c 房屋缴纳税金分区图

中央
公园
哈德
逊河
东河
租金价格（美元/平方英尺）
125以上
110～124
100～109

租金最高（超过 100 美元 / 平方英尺）办公楼分布图

中央
公园
哈德
逊河
东河
最高售价（单位：百万美元）
80～100 以上
60～79
40～59
20～39

e 2014 ～ 2015 年销售价格最高公寓分布图

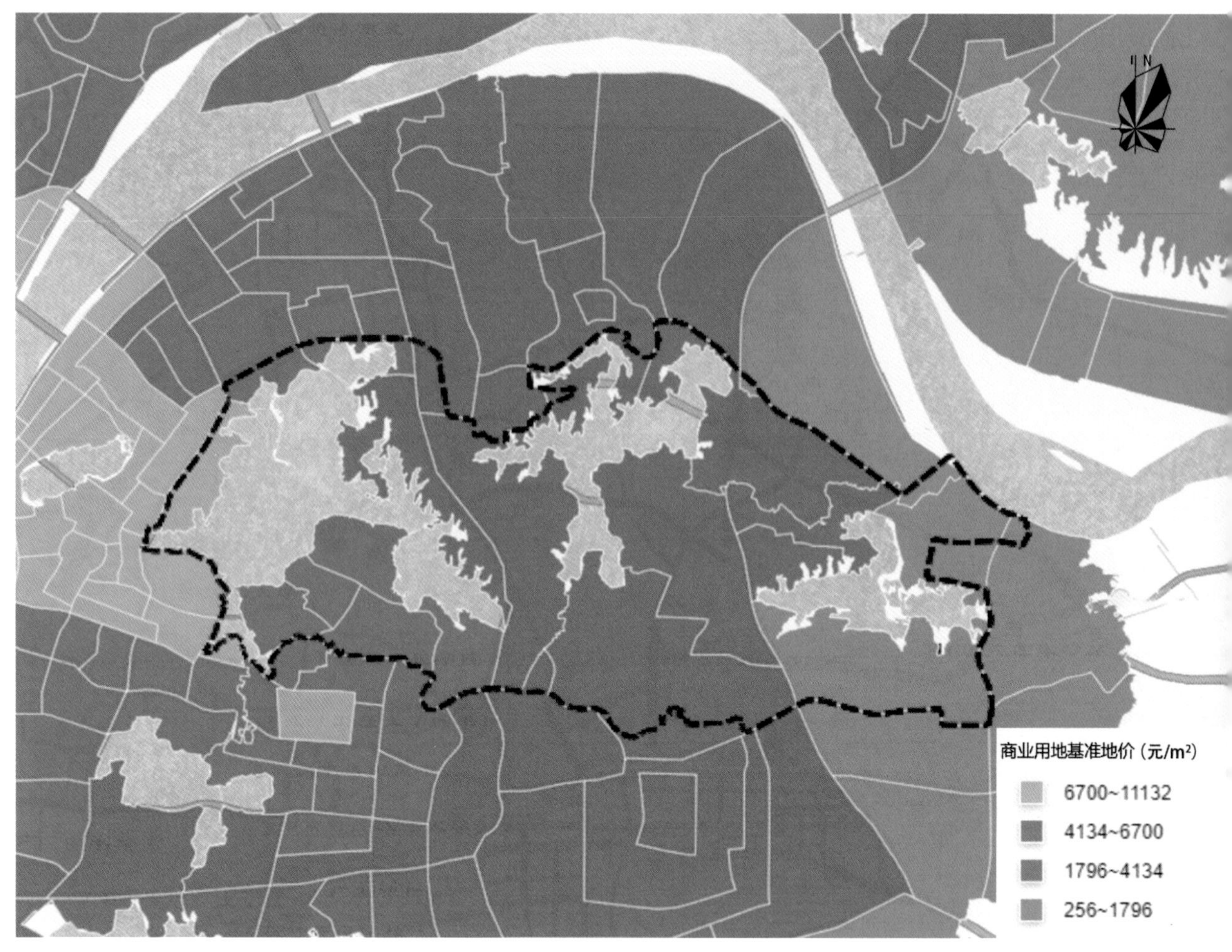

a 商业用地基准地价分布图

图 6-19　武汉大东湖片区（东湖—严东湖—严西湖）周边酒店、购物街区、房屋价格租金等要素情况
图片来源：武汉市规划研究院大数据平台 POI 兴趣点

区、高租金办公楼、高价公寓基本围绕中央公园分布，且以中央公园南侧尤甚。而横向对比武汉中心城区的主要旅游设施、服务产业的空间分布，目前总体仍以主城环线为单元，呈现向内集聚的总体态势，而在江南片（大武昌区域），目前仍以珞喻路、中南路、中北路等城市重要轴线为旅游吸引点集聚带（图6-19），东湖风景区乃至向东拓展的大东湖地区尚未为周边城市片区带来明显的产业和经济价值贡献。

为改善以上情况，需要进一步跳出景区辖区范围，以更广阔的视角打造区域先进产业综合体，通过城景融合和景区内外的功能联动，一方面，整合大东

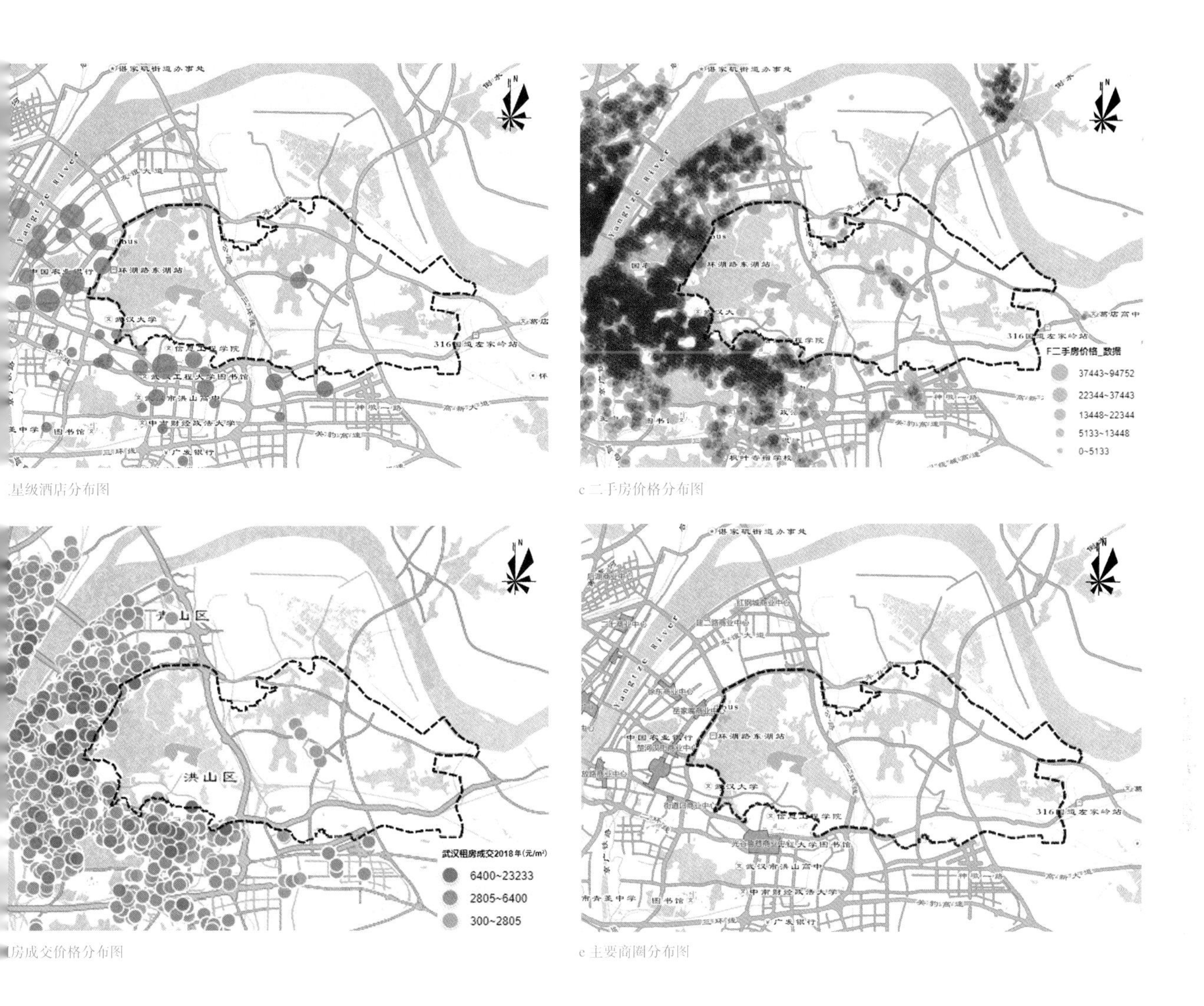

星级酒店分布图

c 二手房价格分布图

房成交价格分布图

e 主要商圈分布图

湖地区周边城市功能板块优势产业、人才、项目资源，于城市发展轴线与大东湖片区交会节点处，集聚城市核心职能，打造活力串；另一方面，需要在更大的尺度上，在不同的方向引领城市整体功能格局的优化，比如西侧围绕武昌核心区、杨春湖商务区集聚金融、设计、大数据、办公等技术、资本密集类产业，南侧则依托智力资源打造光电、生物、智能制造等高新技术产业集群，北侧、东侧武钢、化工区及左岭产业则向高端化、智能化、绿色化发展，形成以大东湖为核心，城市综合服务、科创产业、智能制造产业三带引领的绿色产业集聚带，依托“泛景区”的建设，以东湖风景区引领大武昌片区城市功能的转型提升。

2. 文化筑魂下文旅业态的强融合发展

尽管东湖风景区近年来在旅游业态的多元化发展方面已经取得一定成绩，但通过与杭州西湖目前在旅游产业业态方面的对比可知，整体而言，东湖目前仍然以传统餐饮等浅层旅游服务业态为主，新引入的业态仍然依托随机性的节事、独立的游览场所和民间自发配套形成的服务空间来实现（图6-20）；在国家大力推崇“以文促旅、以旅彰文”的背景下，东湖的旅游品牌尚未进入内向延伸、文化产业培育阶段。基于以上问题，一是需要立足美丽风景本底资源，瞄准“后疫情时代”都市休旅新需求，创造新供给，通过进一步加强与目的地生活的有机链接，通过新供给与新需求的互动培育更多高黏性客户群体；二是需要向文化创意借动能，通过文化创意产业的培育丰富旅游景区内涵，通过热门节事的知识产权（IP）固化、文化产业空间的定制供给、文化培育的政策服务等领域的持续探索，进一步促进文化产业和旅游产业的空间融合、服务融合和产品融合，最终实现“从共同节日到品牌知识产权（IP）”“从独立设施到产业聚落”“从文化场所到文旅生态”的东湖文旅产业发展蜕变；三是需要向科技谋新意，立足“Z世代”人群这一文旅领域新主体，利用好5G、AI以及数字增强显示等数字经济的强大生命力，促进文旅商与在线经济、虚拟现实场景体验、多维增强体验等新型旅游体验模式相整合，实现东湖文旅产业转型升级能级提升。

3. 共建共享下运营模式的巧思维组织

多年以来，景区一直保持着内涵不断丰富、外延持续扩展的发展态势，但仍然存在“设施准入标准不明”“市场性建设路径不清”等建设运营问题。下一步应系统梳理政府与市场主体的边界，进一步推进东湖风景区建设运营体制的创新。例如借鉴劲松街道劲松北社区微更新模式，政府方制定统一改造标准，安排专项资金用于景中村基础设施改造、环境整治，农户改造房屋补助，并组织高标准规划与设计；市场方鼓励社会资金参与景中村规划设计、建设运营，探索“闲置资产特许经营”等鼓励政策，实现企业微利可持续发展；村集体则组织村民参与建设运营，鼓励和引导村民以宅基地和土地承包经营权等参与入股，维护村民发展权益，形成“区级统筹，景村主导，村委协调，村民议事，企业运作”共建共享平台（图6-21），进一步推动人民群众共建绿色发展和共享生态建设成果。

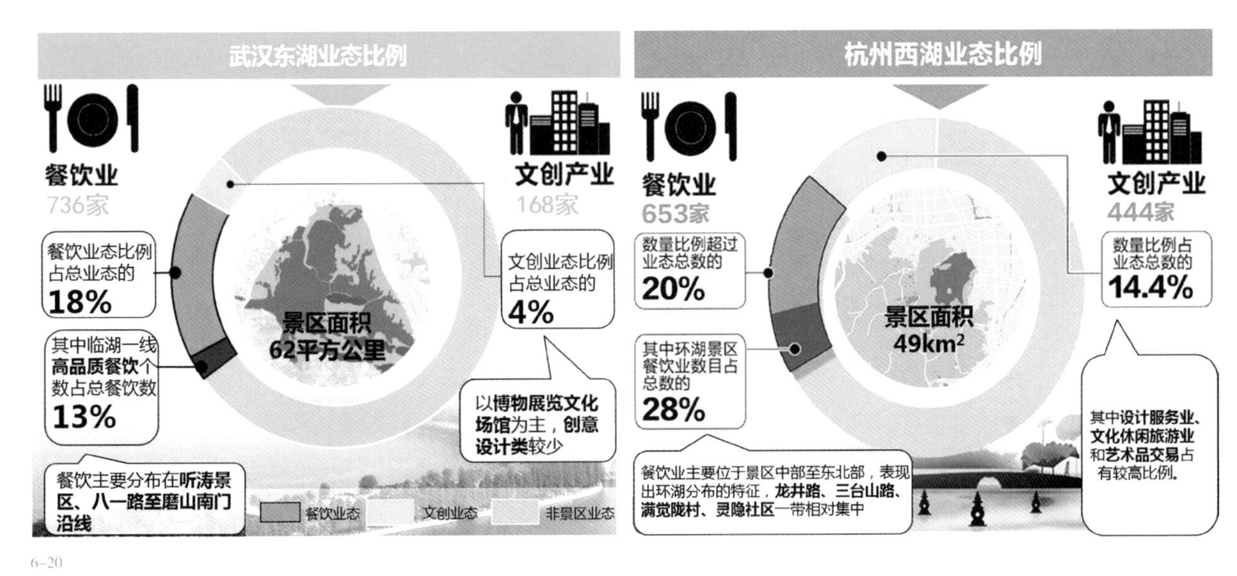

6-20

北京市朝阳区劲松街道劲松北社区微更新模式经验借鉴——

北京市朝阳区劲松街道劲松北社区是北京首个引入社会力量参与改造的老旧小区，北京愿景集团作为社会力量参与劲松街道开展战略合作，积极实践创新，通过“微利可持续”市场化方式，创新打造城市更新市场侧“可持续运营模式”，建设多类型“美好生活社区”，形成的经验得到了各方面充分认可，被称为社会力量参与老旧小区改造的“劲松模式”。“劲松项目”入选了住建部2019年科学技术示范项目，中共北京市委十二届十二次全会也明确提出探索推广“劲松模式”。

1 **建立党建引领老旧小区改造长效机制和共治平台**

2 **引入社会力量推动老旧小区改造市场化和可持续发展**

3 **以社区善治为本促进老旧小区改造“软硬兼顾”**

4 **运用“双过半”和“先尝后买”方式提升老旧小区物业服务专业化水平**

6-21

图 6-20 东湖与西湖文旅产业业态功能对比情况

图片来源：武汉市规划研究院大数据平台 POI 兴趣点、西湖风景区业态提升规划

图 6-21 北京市朝阳区劲松街道劲松北社区微更新模式

第七章 7

塑造新空间、展现新形象：大东湖景观风貌的辨与控

一、东湖风景区景观风貌塑造的主要策略及成效

1. 理念蜕变：从风貌可观到意象可感

随着社会经济条件的变化和风景旅游事业的发展，东湖景观风貌方面的理念也不断优化蜕变，在景观风貌方面的控制，更加注重风景名胜区与城市共同发展，让景观风貌“可观”更“可感”（图7-1）。

一方面开始探索构建风景区植被生态系统，使自然景观“可观”。东湖的发展首先从自身生态景观优势出发，强调自然生态之美。20世纪90年代，为切实保护东湖优良的自然景观资源，让东湖风景区由过去的各景区之间的割裂封闭，逐步走向总体系统布局，武汉市高度重视对东湖景区整体的空间规划，在1995年版《东湖风景区总规》中，以遵从自然和生态为原则，通过水体生态改善和岸线绿化植被培育，构建了东湖风景区生态基质，奠定了风

图 7-1　东湖西岸全景图

7-2

景旅游开发、建设的生态基础，彰显了东湖风景名胜区的景观风貌特色基调。此外本次规划还梳理了65处景点，汲取了历次规划之精华，通过总体布局调整，整理了东湖24景（图7-2），成为全区精华景点，对强化风景名胜区资源的保护、加强风景资源的管理、促进风景资源的合理利用发挥了积极指导作用。

“东湖风景名胜区是湖泊类型的风景名胜区，湖面浩瀚，山水相映，鸟语花香，古迹遍布，风光多姿多彩，诗情画意浓郁，二十四景恰似天成，亦为历次规划设想之精华，整理修改如下：疑海听涛，泽畔行吟，水天一色，碧潭观鱼，华亭双月，曲堤凌波，雁桥月影，千顷泛舟，龙舟竞渡，朱碑耸翠，楚天极目，天台晨曦，翠帷蕴谊，曲桥荷风，雪海香涛，枫都秋叶，泸州落雁，

图 7-2 1995 年版《东湖风景区总规》二十四景图
图片来源：上海同济大学风景科学研究所、武汉市东湖风景区管理局《武汉东湖风景名胜区总体规划》（1995 年版）
图 7-3 泸洲落雁
图片来源：黄大头 摄
图 7-4 曲堤凌波
图片来源：陈丹妮 摄

烟波渔歌，空山幽笛，双峰夹镜，小潭春深，珞珈书香，古刹塔影，杉屏落霞。”

——摘自《武汉东湖风景名胜区总体规划》（1995年版）

2011年版《东湖风景区总规》为了应对新时期风景名胜区发展的新形势，同时进一步提升风景名胜区的形象，实现质的飞跃，对东湖风景名胜区的景观风貌特色基调进行了明确，即“体现城中湖社会作用、人文魅力和自然风光并重、生态保护与发展利用并重，以大湖水景、翠峰山景等自然景观为主体，以人文胜景为点缀的自然生态山水画卷”。东湖水域约33km^2，水面平静，视野开阔，水质澄碧，湖山一色，颇有海阔天空之感，使人胸怀坦荡，随着风晴雾霭，四季变化，景色各异，游人漫步湖滨，可引起“疑海听涛”的遐想（图7-3、图7-4）。东湖风景名胜区内的山景也异常迷人，景区内森林覆盖率较高，生态环境健全，绿色景观的基调早已形成。在开发建设中，在保护的基础上致力于通过增加绿化并改良树种等多种手段提高绿地比率

7-3

7-4

和林相质量，进一步突出自然生态美的优势。同时，根据景源集聚度、可达性及视线开敞度，沿绿道合理设置了重要观景界面和观景点，通过重点打造听涛、东湖南路、东湖东路、沿湖大道、华侨城、磨山、落雁、清河桥、国家湿地公园等9条观景界面，以及从登高远眺和临水瞰望两种观景角度设置了23个观景点，强化了“旷、野、书、楚”的景观体验（图7-5～图7-7）。

图7-5　东湖景观视线分析图
图片来源：武汉市国土资源和规划局、武汉市土地利用和城市空间规划研究中心、武汉市规划研究院《武汉东湖绿道系统暨环东湖路绿道实施规划》

图7-6　华侨城界面
图片来源：黄大头 摄

图7-7　清河桥界面
图片来源：黄大头 摄

7-5

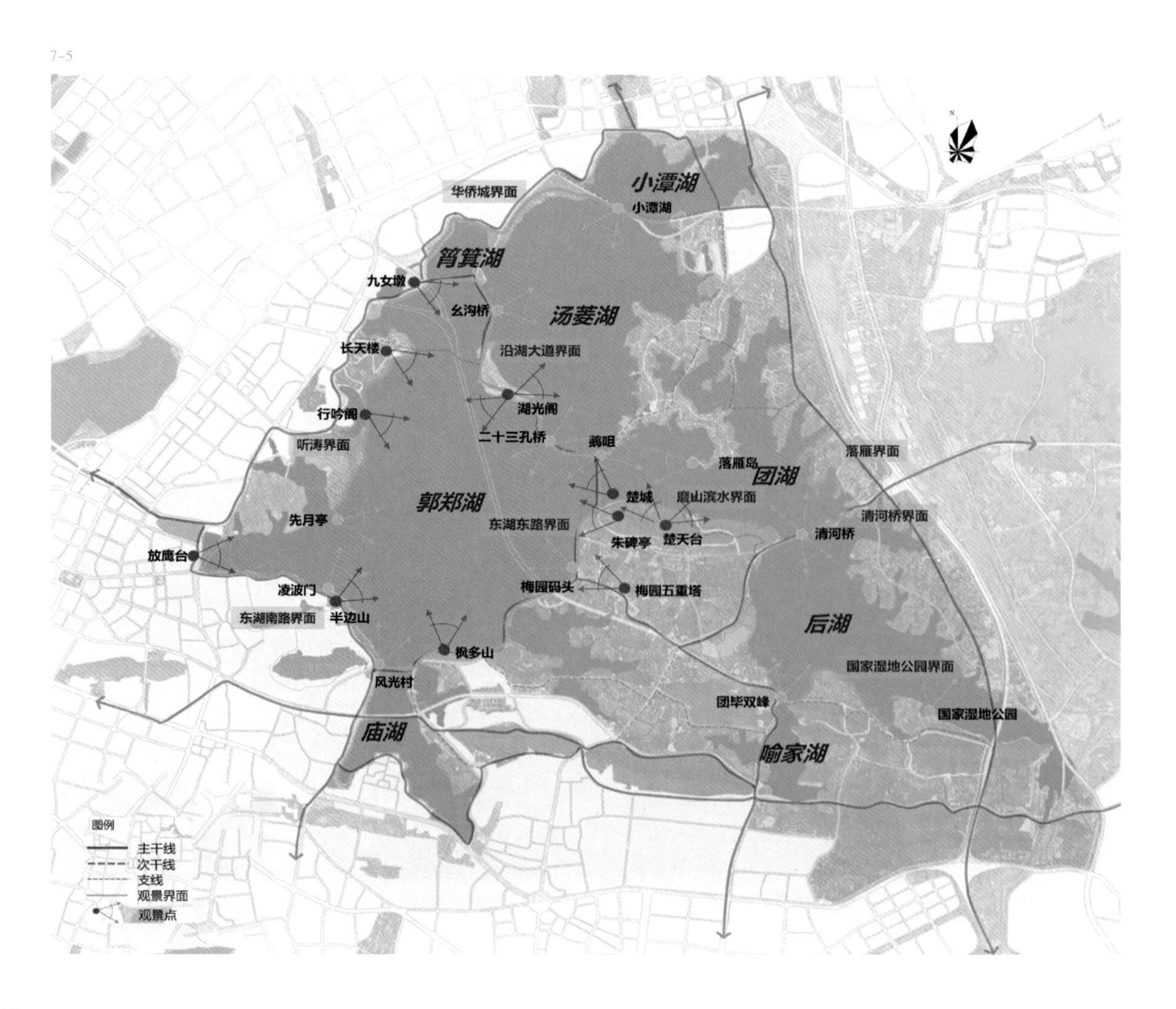

7-6

7-7

另一方面，如今的东湖已从“郊野湖”变成了“城中湖”，地位日益彰显，成为镶嵌在武汉城市中心的一颗璀璨的“城市绿心”，为挖掘特色旅游潜力、提供多样化游憩体验机会，因此构建了包括感知动线、观赏点等要素组成的感知系统，使自然景观“可感”（图7-8）。

一是突出人文胜景，打造活力生态山水画卷。强调整个风景名胜区建筑以与大自然绿色生态相协调的质朴美为主线，在用材、造型上尽可能体现地方特色和回归自然的主旋律，以彰显有关东湖历史文脉和文化积淀，使得地方传统民俗展示的内容和现代青少年素质教育与爱国主义教育等内容交相辉映。

二是强调特色和魅力，构建不同主题的游览路线。通过2015年绿道规划，在风景区总体规划的基础上，进一步提出“以道开导，以道串珠，以道提升”的策略，围绕漫步湖边、走进森林、登上山顶，深度体验东湖特色的目标，东湖绿道在类型设计上进行了创新，形成水道、林道、山道、花道、夜道等五种不同主题特色绿道（图7-9）。水道提供多样化的观水、亲水、戏水体验，采用挑台、架桥、木栈道、自然驳岸等多种方式，塑造出高可瞰水、近可亲水、满可戏水、亏可赏水的趣味空间。林道提供林荫道、森林道、堤岸林道等多样体验，采用堤岸水杉林、高大林荫树、森林等多种形式，提供林荫休闲、森林健身、堤岸观景等四季有景的林道体验。山道提供环山、跨山、穿山多样体验，采用山石路、木板道、架桥等多种方式，塑造出与山体平面或立体交织的绿道空间。花道提供可闻花香、赏花落、游花径的多样体验，利用花海游园、花树隧道、花样铺饰等手法，塑造出花期与非花期、花开与花落均有景可观的绿道景观。夜道提供绿道与周边环境的多样夜景体验，针对绿道本身和绿道外围环境植入不同

图7-8　2011年版《东湖风景区总规》游赏路线规划图
图片来源：上海同济城市规划设计研究院、武汉市规划研究院《武汉东湖风景名胜区总体规划（2011-2025年）》

图7-9　东湖风景名胜区不同类型绿道布局图
图片来源：武汉市国土资源和规划局、武汉市土地利用和城市空间规划研究中心、武汉市规划研究院《武汉东湖绿道系统暨环东湖路绿道实施规划》

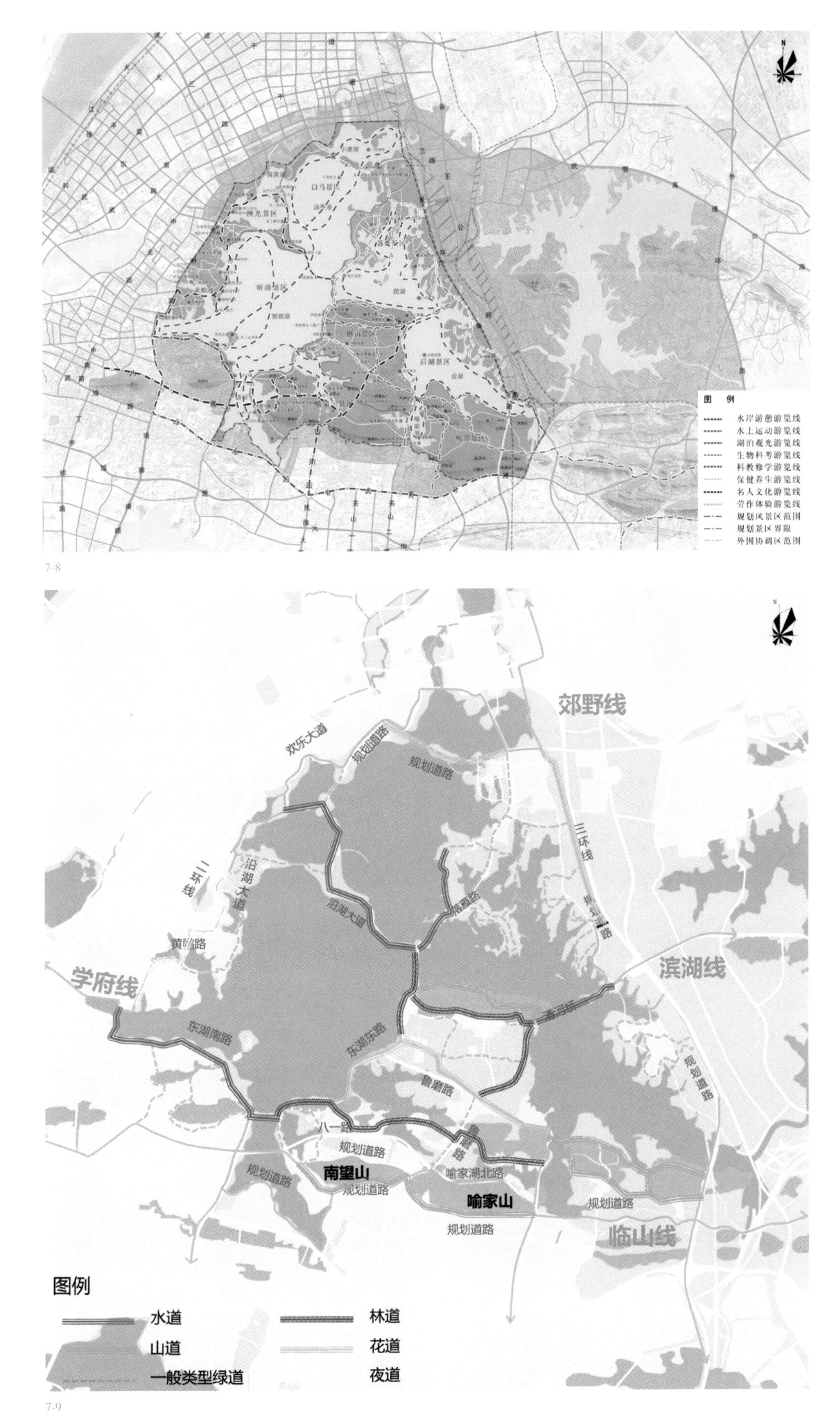
白马景区
听涛景区
后湖景区
图例
水岸游憩游览线
水上运动游览线
湖泊观光游览线
生物科考游览线
科教修学游览线
保健养生游览线
名人文化游览线
劳作体验游览线
规划风景区范围
规划景区界限
外围协调区范围
郊野线
欢乐大道
规划道路
规划道路
二环线
沿湖大道
沿湖大道
落雁路
三环线
规划道路
黄鹂路
学府线
滨湖线
东湖南路
东湖东路
规划道路
鲁磨路
八一路
规划道路
规划道路
南望山
规划道路
喻家湖北路
喻家山
规划道路
规划道路
临山线
图例
水道
林道
山道
花道
一般类型绿道
夜道

7-8

7-9

照明设施，打造荧光绿道和夜明绿道，塑造出可夜观的绿道景观。通过创新绿道的打造，进一步强化了“走、跑、骑、游”多样化的绿道感知体验（图7-10、图7-11）。

东湖风景名胜区从七五草案、1995年版和2011年版两轮总规到东湖城市生态“绿心”概念规划，再到绿道实施性规划，逐渐明确了对东湖风景名胜区内总体格局的风景保护、资源利用、设施建设的规划管控要求，及时有效地治理了现状风貌景观发展中不合理建设，系统强化了风景名胜区资源的保护，提升了风景资源的管理水平，促进了风景资源的合理利用。可以说，现在的东湖已经成为“人民的东湖”，在规划建设工作中，需要兼顾人的实际需求和景观生态资源状况，在追求生态效益的同时还要考虑美学因素。

2. 特色提升：从风貌失调到景城共荣

随着城镇化的不断加快，东湖风景区景观风貌问题日益凸显，最严重的是景中村环境差、风貌特色缺失等问题，其中景中村受到城镇化的影响，缺少具体标志性的村落特征符号，导致村庄气质与景区环境格格不入，尤其是三环线内外景观风貌呈现天壤之别的效果。风貌特色缺失主要体现在资源利用不充分，景观特色区分度不够。

为引导景村融合发展，营造东湖风貌特色，1995年版《东湖风景区总规》将东湖风景名胜区分为听涛、磨山、落雁、吹笛、白马五个景区，形成“动观 — 静赏 — 参与 — 休憩”的空间结构特点。2011年版《东湖风景区总规》修编开始三维空间管控，如在对沿岸建筑尺度和其他相关管控措施中，明确了对竖向景观标志物的高点、控制点的管控要求，严格控制湖滨地区和嵌入城市内部的洪山、珞珈山过渡带内的建筑高度，且外围保护地带内的建筑物的布局，设计上不得有碍东湖风景名胜区的观瞻。总规中原则性的高度控制要求，通过下位的详细规划予以了落实。如白马景区的详细规划中也提出建筑体量和风格遵循宜疏不宜密、宜藏不宜露、宜低不宜高、宜淡不宜浓的原则，采用小体量建筑，形成群落式的建筑形态（图7-12）。建筑高度上，除标志性建筑高度为24m外，其他建筑高度均控制在12m以下，并建议对东湖论坛度假酒店采取景观绿化、高差处理等技术措施，消减其对环境的影响[1]。通过系统规划引导，整体形成以东湖水体为空间结构重心、沿东湖的各具风貌特色的景观系统。

① 湖北省城市规划设计研究院《武汉东湖风景名胜区白马景区生态艺术半岛详细规划》(2019年)。

7-10

7-11

图 7-10　东湖绿道—林道

图片来源：聂淇 摄

图 7-11　东湖绿道—水道

图片来源：陈丹妮 摄

7-12

图 7-12 白马景区局部效果示意图

图片来源：湖北省城市规划设计研究院《武汉东湖风景名胜区白马景区生态艺术半岛详细规划》

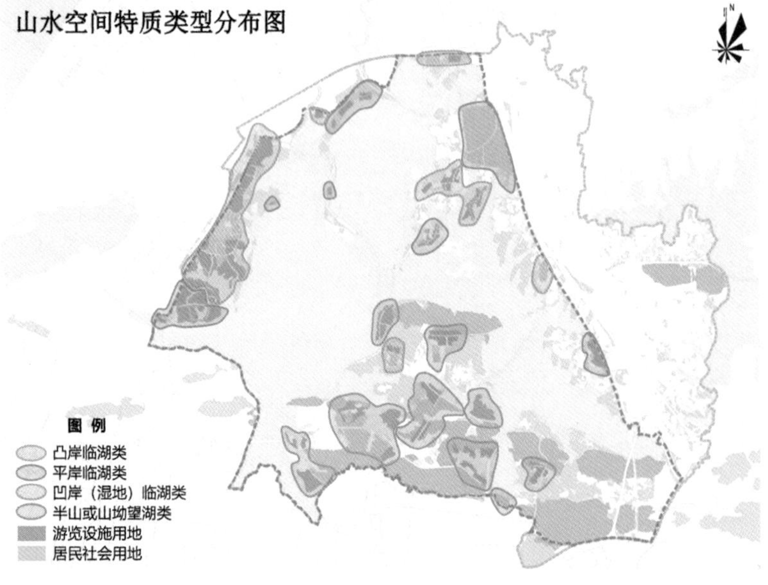

a 山水空间特质类型分布图

控制因子 \ 水岸空间类型	凸岸临湖类	平岸临湖类	凹岸（湿地）临湖类	半山或山坳望湖类
建筑面湖界面高占背景山高比率(%)	×	×	×	≤0.33
建筑群面湖连续界面宽度(m)	≤10	≤100	≤20	×
临湖建筑檐口限高(m)	≤7	≤7	≤4	×
非临湖建筑檐口限高(m)	≤15	≤15	≤12	≤12

b 不同类型建设项目控制通则表

图7-13　东湖风景区新建类建筑形态管理要求
图片来源：武汉市规划研究院《东湖风景区建设风貌管控指引》

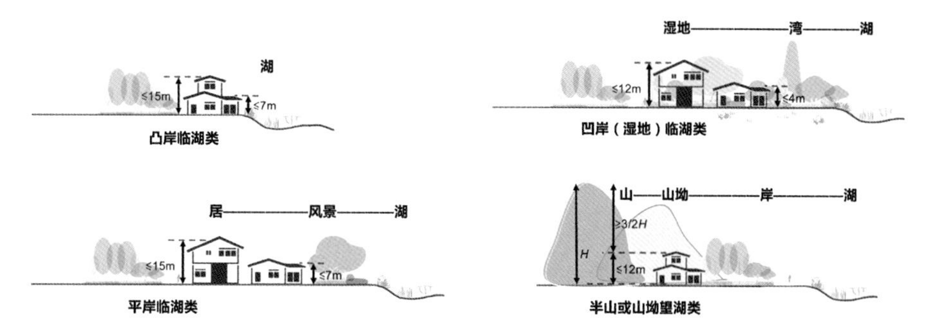

c 山水空间特质类型示意图

2022年，为加强风貌精细化管理，围绕东湖风景区打造世界级都市绿心的总体目标编制《东湖风景区建设风貌管控指引》，通过对东湖风景区内新建及改建项目风貌提出系统、科学的引导，为景中村微改造与新建旅游配套设施风貌管理提供参考标准，协调发展和景区保护的关系，助推实现景中村融合新局面。

一是东湖风景区新建类旅游配套设施风貌按照遵循“双协调+三适宜”的原则，即协调空间紧凑与环境品质，协调功能发展与外形塑造；体量适宜、疏密适宜、高度适宜。结合东湖不同片区山水空间特质，对其建筑形态、景观环境和功能优化提出管理要求（图7-13）。其中建筑形态应从东湖风景区既有传统建筑荆楚派风格，及当代旅游建筑新中式风格中提炼要素，选取兼顾本地特质和当代审美的建筑风格；景观环境应与周边田园、林地景观环境相结合，打造一体化室外开敞空间，为满足市民节庆、运动、交流等日常活动需求，边界不宜设置实体围墙；功能优化管理要构建多层次、景观化、开放性、可交流的东湖公共活动场所，利用商业、文化、休闲、科普类业态功能导入，利用丰富多样的主题节庆活动策划，打造“消费+”“休闲+”“文化+”“科普+”等不同的公园生活场景，满足各类人群需求，传承武汉特色的生态休闲文化。

二是对景中村改造项目风貌，在总体体现自然有序基础上，明确“五原生”+“四避免”原则，即保护原生生态、维护原生风貌、应用原生材料、延续原生文脉、尊重原生居民；避免大拆大建、避免占山毁林、避免侵湖填塘、避免“长高增胖”，对景中村空间布局、建筑风貌、景观环境、功能优化管理等提出指导性要求（图7-14）。其中，空间布局要求结合地形地貌、水体、植被等自然条件，宜聚则聚、宜散则散，促进村湾与水系、山林、农田等环境要素相互协调、有机融合；建筑风格总体坚持与环境融合协调，塑造小而精、简而美，保证与外部环境相协调，与原生树木丛林相掩映；景观环境应保留原有园地、树木，新增景观适宜选用乡土植物，结合林地、农田等打造“村、园、林、湖”相生相融的空间景观；功能优化方面，在保障村委会、医务室、公共活动中心等基本公共服务功能基础上，鼓励结合东湖文化创意、旅游休闲等产业发展需求，将乡村文化、旅游接待等功能进行复合的设施。同时在确保安全基础上，鼓励利用闲置民居、厂房等改造为休闲、游憩等文旅配套功能设施。

a 建筑与周边树木相互掩映

图 7-14　景中村改造类建筑形态管理要求
图片来源：武汉市规划研究院《东湖风景区建设风貌管控指引》

建筑高度宜遵循“前低后高”的原则

c 建筑与周边环境融合

3.　领域拓展：从内部管理到周边管控

近年来为了推动精细化管理，规范环东湖周边地区项目建设，加强对东湖空间风貌景观的保护和管理，2022年武汉市出台了《关于进一步加强武汉市环东湖周边地区规划管理工作的指导意见》，通过专项规划研究，强化“半边山水半边城”的城湖空间意向。

一是将360° 的天际线拆分成3个不同水平视角的特色天际线，包括环东湖西北岸地区、环东湖南岸地区、环东湖东岸地区。西北岸地区以展示武汉城市建设风采、提供公共及商业服务功能为主，结合城市重点功能区打造高层簇群，形成“波峰”区域，结合重要生态廊道、交通干道及周边阶梯式限高措施，形成“波谷”区域，结合立体绿化、立面色彩及材质改造等手段，弱化临湖一线大型建筑的拥堵感，结合天际线控制圈层的阶梯式限高，形成层次分明的环湖天际线；南岸地区强化山城融合景观，以教育科研、文化旅游功能为主，保护山脊线的完整性，以沙滩浴场、东湖宾馆、苍柏园、清河桥为视点，确保环东湖南岸地区新建建筑透视高度不突破磨山、狮子山、珞珈山、封都山、猴山、虎口山、斧头山、风筝山、大团山、毕家山、太渔山、吹笛山、南望山、喻家山、马鞍山、刺山的山脊线高度；东岸地区强化自然生态本底，以文化旅游、自然

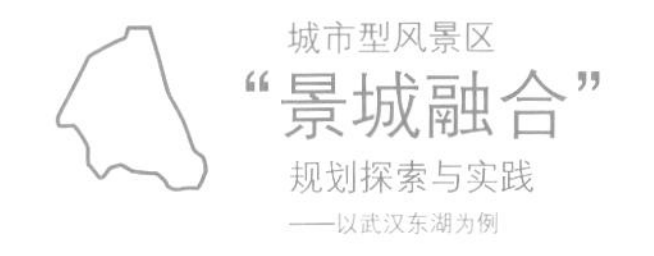

休闲功能为主，严格落实生态底线区、生态发展区相关规定或要求，以东湖鹅咀、苍柏园、刘备郊天坛为视点，确保环东湖东岸地区新建建筑透视高度不突破自然山林冠线，守卫东湖自然原野的风貌。对于重点管控区域内的开发类建设项目及建筑高度15m以上非开发类建设项目，要强化规划设计条件论证及方案审批。

二是加强重要视点的管控，对环东湖周边地区的城市设计以及建设项目空间论证、建筑方案报批，应选取东湖鹅咀、沙滩浴场、全景广场、东湖宾馆、苍柏园、总观园、刘备郊天坛、清河桥、武汉大学北门、九女墩、风光村、落雁景区芦洲古渡等12个经典视点进行实景三维分析（图7-15）。

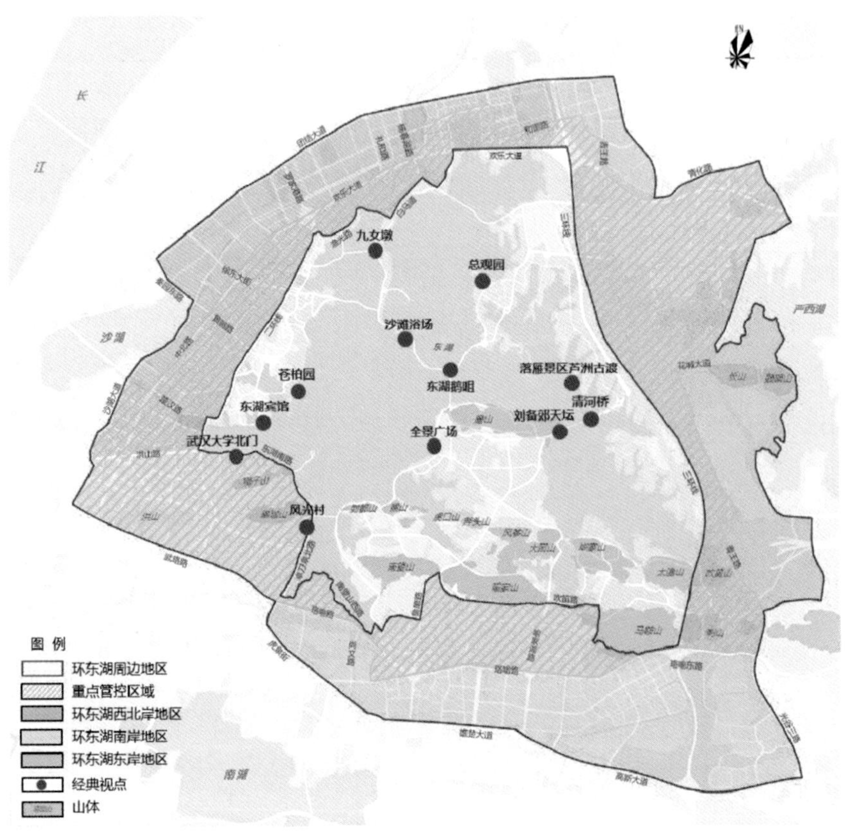

7-15

图 7-15 环东湖周边地区管控示意图

图片来源：武汉市自然资源和规划局《关于进一步加强武汉市环东湖周边地区规划管理工作的指导意见》

三是强化公共服务功能的引导，对环东湖周边地区临湖第一个街坊，应优先布局公共建筑，提升滨湖岸线的公共开放性，并严格控制住宅建筑体量及风貌。

四是强化垂湖景观及绿化渗透，通过增加立体绿化、完善慢行系统等方式，提高主要垂湖道路中线两侧100m进深范围内的绿化覆盖率及公共开放性，形成沿楚汉路、洪山路、黄鹂路、徐东大街、罗家港路、礼和路、杨春湖路、花城大道、喻家湖路、鲁磨路、尚文路、卓刀泉北路的垂湖绿色廊道。

至此，东湖在“内部管理”与“周边管控”的联合导控下，通过进一步明确建筑高度、建筑色彩、建筑体量、建筑立面等风貌管控要求，强化了风景区风貌特色的“可辨”与“可控”，进一步彰显了东湖的景观之美。

二、国土空间规划时代下城市型风景区景观风貌管控体系探索

1. 风貌规划框架面向全域覆盖

随着我国国土空间规划体系的构建，空间管控的模式发展为以“三区三线”划定为代表，采取“控制线+分区”管控的模式。因此在开展风景区规划时，应该将“风貌特色、历史文脉、空间形态”等设计思维融入“三区三线”的划定当中，比如以生态系统的完整性、生态廊道连通性的视角优化生态空间和生态保护红线，以大农业景观带的视角优化农业空间和永久基本农田，以发展格局演进、综合优势度、避让因素的视角优化城镇空间及城镇开发边界，塑造具有特色和比较优势的国土空间格局和空间形态。

新背景下的东湖风景区风貌管控，应以东湖风景区全域为规划范围，重点在于构建体系、提炼重点、协调各部门统一管控，通过系统梳理国内外案例，结合管委会事权，规划将“固底线”和“强特色”两方面作为风貌管控的重点，制定“资源识别与价值评判、整体风貌系统构建、重点分区指引与要素通则管控、实施与管理”的技术路线。

一方面，“以要素管控为抓手，守住底线”，构建包括生态空间、农业空间、城镇空间的“全要素”管控体系，围绕管控要点、文化保护、基础设施、生态修复等方面提出管控要求，重在“定类型、定标准、定负项”，形成“要素有体系，刚弹有章法”的风景区风貌管控内容（图7-16）。

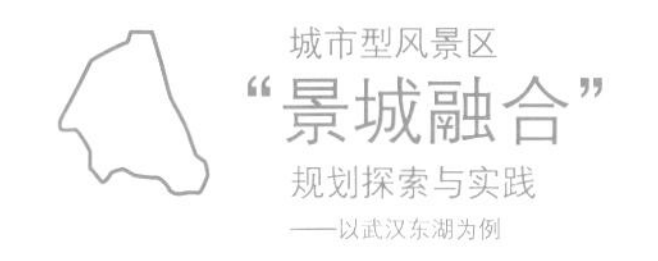

另一方面，“以重点分区为抓手，塑造特色”，识别包括风貌区和风景廊道在内的重点风貌管控区域，围绕特色定位、魅力空间、文化彰显、建筑控制、景观营造等方面进行特色风貌指引，重在“定结构、定特色”（图7-17）。

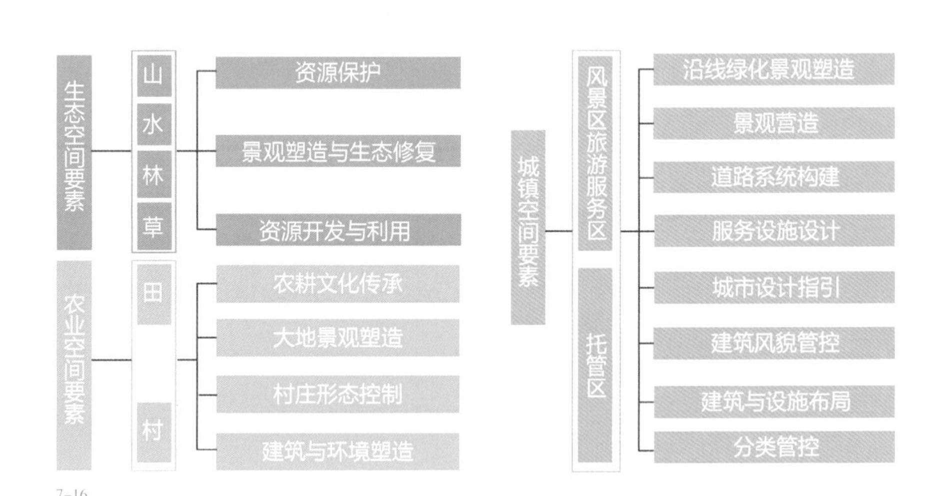

7-16

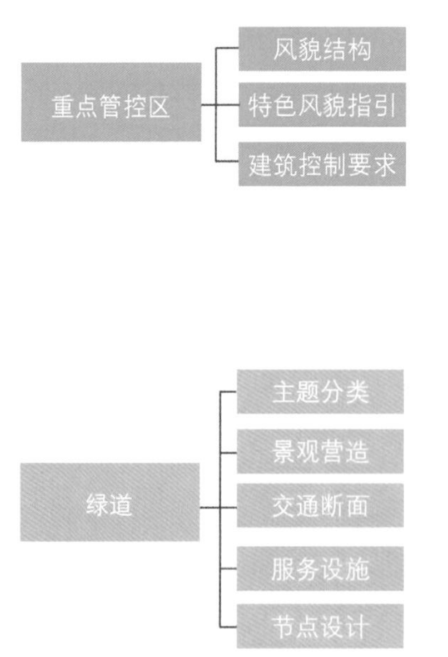

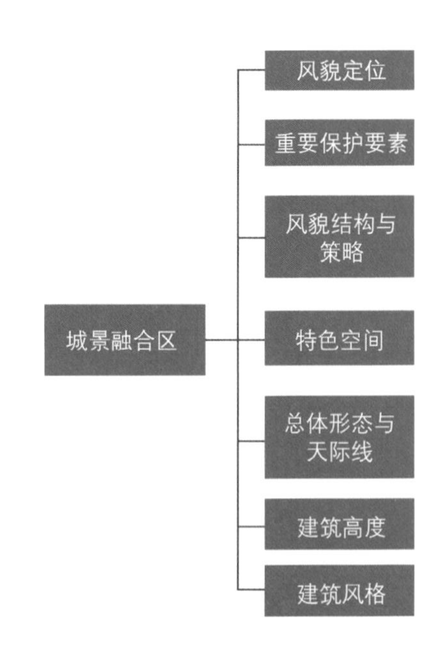

7-17

图 7-16　风景区生态、农业、城镇空间的管控要素
图片来源：徐有钢. 省级国土空间风貌规划方法的探索和思考—以宁夏特色风貌规划为例 [J]. 城市发展研究, 2021, 28(5):9.
图 7-17　重要区域管控内容

2. 风貌管控体系强调全流程传导

从宏观层面设计到中观层面的传导，可通过建立风貌设计导则这一政策性文件来实现。针对东湖风景区内的绿廊、视廊以及特色“功能分区”，可通过导控方法形成技术导则，将抽象的廊道控制具象化到对建筑和开放空间的控制要求。针对东湖风景区非建设空间中的公园、绿地、水体等生态空间、农业空间，可通过设定标准来进行分区，并在此基础上制定正负面清单，提出设施配套标准和布局一般原则，以将宏观层面的框架性管控内容，向下传导落实到非建设空间内，形成“指标+控制线+规则”的综合管控手段[1]。

3. 风貌特色塑造注重全要素实施

微观层面的详细规划是对具体地块用途和开发建设强度等做出的实施性安排，是开展国土空间开发保护活动、实施国土空间用途管制、核发城乡建设项目规划许可、进行各项建设等的法定依据。这一层级是风貌规划管控发挥较大作用的层级，景观风貌设计融入景区详细规划，实现刚弹结合、多元化管制方式。

建立刚弹结合风景区的设计管控要素库。从中观层面向微观层面传导，通过建立设计管控要素库，实现空间形态传导和公共空间品质细化，有助于形成要素清晰、管控合理、成果表达规范和便于衔接的实施层面详细规划和设计。要素库采用目标定性、负面清单、标准定量的方式，以图示方法表达基于公共利益的共识。借鉴已有经验，将风景特色突出的重点区域与一般区域区别对待，在一般区域控制要素基础上增设特定建筑形式、特殊景观要素保护等有针对性的管控要素，甚至对重点地区中的特殊风貌地区进一步加强控制以彰显城市特色，同时区分控制性要素和引导性要素，有利于充分发挥景观风貌设计的多样性和创造性，以支撑详细规划，实现刚弹结合的用途管控方式。

在编制过程中，应积极探索景观风貌领域与相关部门协调的工作组织机制，加强规划与国土、园林、住建、林业、农业等部门的沟通。改变以往风貌规划往往弱在管理实施的情况，通过重点加强空间规划和景观设计体系的衔接，将规划内容纳入管理细则，将“技术”内容有效转化为“管理”和“实施”内容，从风貌实施的职责分工、项目库、行动计划、平台搭建等多方面明确风貌管理与实施机制。

1）周琳，孙琦，于连莉，等. 统一国土空间用途管制背景下的城市设计技术改革思考 [J]. 城市规划学刊，2021(3):8.

图片来源：黄大头 摄

第八章 8

示范新融合、引领新生活：大东湖民生保障的思与索

一、东湖风景区民生保障策略演变

依山而建、傍水而居的聚落起源天性，形成了东湖最早期的村落。村庄以自然山水资源为依存，形成渔场、苗圃等分割单元，相对独立自主地开展经济社会活动。后随着城市的发展，因自然旅游资源、人文旅游资源的开发及生态保护的需要，原有村庄随着景区的建立一并被纳入景区管理范围，成为有别于普通自然村的景中村（图8-1）。

1. 景中村建设模式：从单一腾退到多种模式并存

（1）初期思路：总体规划引领整体腾退

针对景中村问题，早在1995年版《东湖风景区总规》中就提出，根据国家级风景名胜区的要求和风景名胜区的实际情况，对村镇布局作出相应调整；特级保护区范围内的居民住宅应有计划、有步骤地迁出；景区内村镇建筑外观应与风景区的自然

图8-1 东湖落雁景区景中村鸟瞰图

风光协调，与楚文化的内涵一致。但随着城市经济和旅游业的快速发展，旅游开发带来的商机，对原住居民产生强烈的吸引，农民自发形成旅游配套产业，随着风景区游客接待量的增加，对建设用地规模的需求也不断增长。这种情况下，与风景区开发相配套的居民安置还建方案滞后于现实，对村民的产业引导策略因难以落地而成为薄弱环节，使得村民在景区中的建设带有相当程度的盲目性。

在后来的2011年版《东湖风景区总规》中明确提出“因势利导、有序外迁，降低景区人口和建筑密度，核心景区内坚持‘只出不进’”的原则。将风景区内现有景中村全部调整为居民社区，并划分为搬迁型、缩小型、控制型和聚居型四类（图8-2）。其中，搬迁型居民点严格控制其再发展，使村庄逐渐迁出，让区域空间于游人，并保留部分建筑作为未来风景区内旅游接待服务设施的载体；缩小型居民点村庄建设规模维持现状或适度缩小，近期对保留的居民点进行整治，远期对村庄进行功能转换，发展为旅游型村庄；控制型居民点保留原有村庄的布局和用地，控制其发展规模并进行改造，完善配套设施，实现生态居住，逐步改造成旅游服务村；聚居型居民点集中安置迁移居民，严禁在景区安排各类破

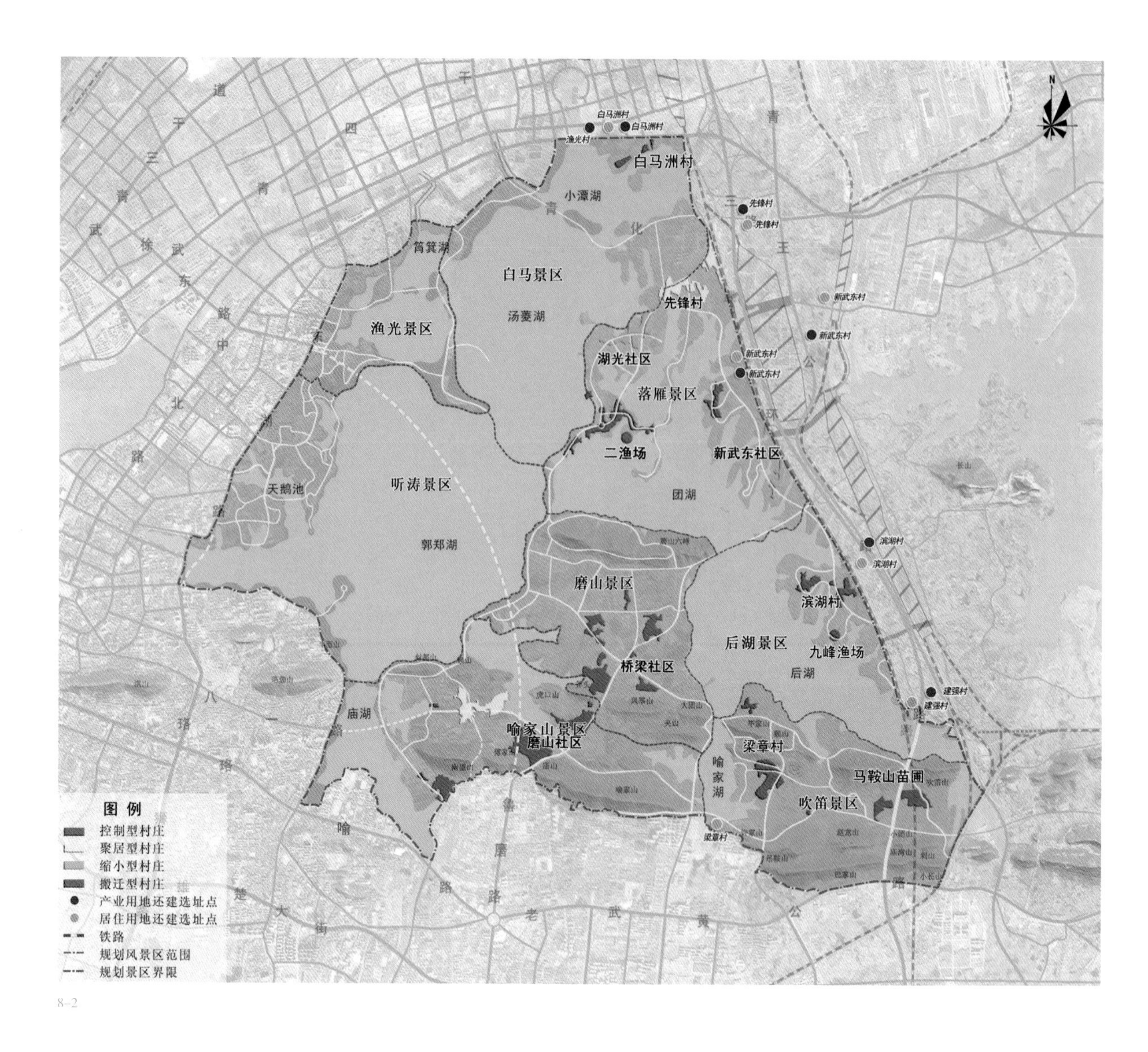

图 8–2 2011 年版《东湖风景区总规》居民社会调控图

图片来源：上海同济城市规划设计研究院、武汉市规划研究院《武汉东湖风景名胜区总体规划（2011—2025 年）》

坏风景名胜区的建设项目，努力培育与风景名胜区发展相适应的自然田园风光及生态型农耕文化。

搬迁型和聚居型村庄本质上都是采取异地还建安置的传统模式，将原村庄居民点拆除，于景区外（搬迁型）或者景区内（聚居型）选址还建；缩小型和控制型村庄则意向保留改造为景区内的旅游型村庄。此次总规中，拆除搬迁型村庄占6成以上，改造思路偏重于风景区村庄的整体腾退，将景中村和风景区摆在了较为对立的位置，同时由于受到总规深度的限制，规划提出的都是原则性的宏观思路，离落地实施仍有较大距离。

（2）中期摸索：单村改造 + 城中村模式

2012年起，各村开始自行委托相关设计单位，进行探索研究阶段，先后开展先锋、龚家岭、湖光、鼓架、磨山、桥梁等 6 村的景中村改造规划编制工作。由于缺乏宏观统筹，此阶段各村的方案编制都是基于各村自身的市场发展诉求，一方面对风景区生态资源的保护考虑较少，另一方面也缺乏相邻村庄之间的协调，所以虽陆续编制了大量的方案，但都因建设规模缺乏依据难以获批实施，改造工作停滞不前。

2015年起，武汉市政府开始结合全市三旧改造工作，统筹介入风景区的景中村改造。同时，结合武汉市当时正在进行的全市生态控制区建设实施机制研究，开展了《东湖风景区绿中村改造整治政策研究》《东湖风景区景中村改造规划研究》工作，风景区景中村改造工作回到政府的总体统筹，重新按照风景区总规确定的原则和思路进行深化。该阶段提出景中村的生活功能以外迁为主，居住用地优先还建风景名胜区外，产业用地则依据景区规划统筹安排，按照“分片、分期、就近、集中”的原则，分步推进开展景中村改造工作，并对改造进行了详细的还建需求分析、用地调整和资金测算。由于此时受到全市城中村改造以及生态控制区村庄清理的思路影响，景中村改造套用城中村拆迁改造模式、还建标准，但风景区内无法提供用于资金平衡的开发用地，传统城中村改造模式难以推动景中村改造实施。

（3）产城人景村一体化：因地制宜、拆留并举

党的十八大以来，国家生态文明建设需求上升到新的战略高度，为坚定不移地贯彻创新、协调、绿色、开放、共享的新发展理念，坚持“绿水青山就是金山银山”，需合理配置城乡各类发展资源，统筹规划生产、生活、生态空间布局，“区域协调、城乡融合、和谐共生”成为新时期城乡发展的关键词。

当下景中村改造工作转变城中村式改造思路，从“景村对立”逐渐走向“景村融合”，从“景点旅游”向“全域旅游”趋势演变，逐渐从单一大拆大建、整体搬迁到因地制宜、多种改造模式并存转型，既有鼓架村整体腾退式的发展，也有大李村、小李村、东头村渐进式的微改造。有别于既往“景”“村”对立只关心资金平衡的整体搬迁，当下的整体腾退更加注重通过产业的导入与运营实现村庄未来的可持续发展；通过规划引领、政企村合力、专业团队打造，全方位地谋求更长远的生态价值、经济价值、社会价值，实现景中村恢复自身社会经济发展的“造血功能”。社区微改造则通过“针灸式”保留整治，在维持现状格局基本不变的前提下，通过局部拆迁、功能置换、保留修缮，实现人居环境的提升、配套服务设施的完善（图8-3～图8-6）。

按照2022年编制的《东湖生态旅游风景区整治提升规划》，景中村中功能与文旅需求不符、对重要生态资源有负面影响、占据重要公共空间节点的建筑将被拆除。针对拆旧建新型村湾，立足东湖本地景中村案例，从肌理组织、建筑尺度、建筑密度及造型等方面提炼空间肌理特征，通过“一湾一策”改造方案，延续村庄肌理，植入文旅项目（图8-7～图8-10）。东湖景中村正逐步形成风景区旅游业可持续发展的衍生品，实现景区发展与村庄活力的融合与统一。

8–3

图 8–3　小李村民居院落
图 8–4　大李村东湖 177 艺术餐厅
图片来源：胡喆 摄
图 8–5　大李村庞贝西餐厅
图 8–6　小李村树上行李民宿
图片来源：黄大头 摄

8–4

8–5

a 改造前

b 改造后意向图

图 8-7　雁中咀拆除建筑前后对比示意图

图片来源：武汉市规划研究院《东湖生态旅游风景区整治提升规划》

a 改造前

b 改造后意向图

图 8–8　大李村微改造前后对比示意图

图片来源：武汉华中科大建筑规划设计研究院有限公司《东湖生态旅游风景区（二期）修建性详细规划》

a 改造前

b 改造后意向图

图 8-9　磨山村微改造前后对比示意图

图片来源：同图 8-7

a 改造前

b 改造后意向图

图 8-10 吹笛民宿集群改造前后对比

图片来源：同图 8-7

2. 景中村建设主体：从政府主导到多方共建

随着武汉城市能级的提升和人们对景中村认识的深化，越来越多的主体参与到景中村的改造建设中，景中村改造模式正由传统“精英式”规划向政府市区联动，企业、专家、村民多方合作型规划转型。

作为政府主导、高校规划、企业投资、公众参与的典型，大李村以军运会为契机获得专项资金进行文创村的升级改善，由管委会主导改造项目，由华中科技大学团队针对大李村旅游发展空间进行总体规划和空间研究，由武汉大学团队对旅游产业发展从利益相关者的角度进行经济学和社会学研究，由武汉旅游发展投资集团有限公司、桥梁社区居委会协助，大李村全体村民、商户配合，从产业发展、空间环境、社会组织方面着手进行品质提升。市政道路等基础设施由政府出资进行改造，建筑立面采取多种方式相结合的模式进行改造。其中，鲁磨路沿线非文创建筑由管委会负责改造，文创建筑由文创馆主负责改造，自行承担费用，其他建筑则由管委会提供立面改造方案，由村民和商户自行组织施工，商铺和民房改造费用由管委会进行部分补贴（图8-11）。

与此同时，管委会还推动建设了大李村文创合作社，文创合作社由村民、文创馆主、社区居委会和武汉旅游发展投资集团有限公司共同组成。社区协助并建立了大李村文创行业协会，形成与政府对话的统一主体，推动大李村文创产业发展，让全体成员共享大李村“微改造”成果，实现多方利益主体的共赢。

图 8-11　大李村改造组织模式图

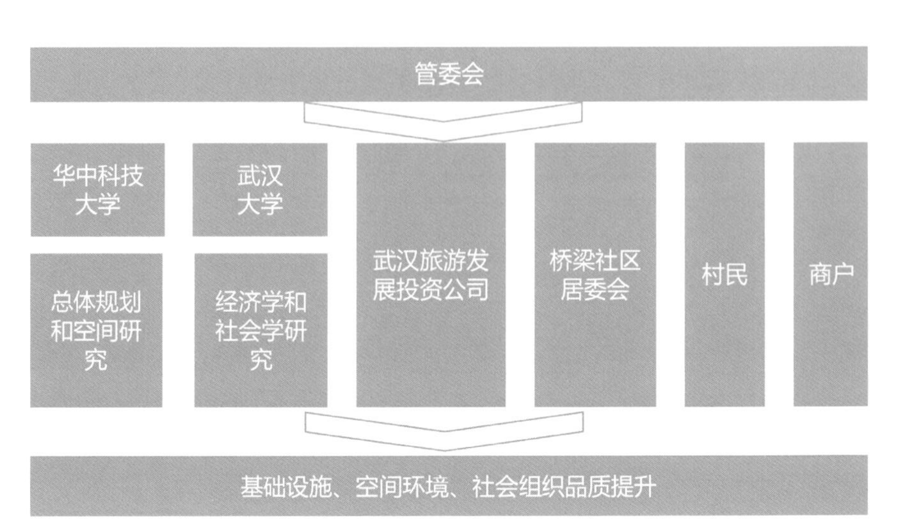

8-11

区别于政府推动的大李村微改造，小李村是社会资本、公众自发主导微改造的代表，通过低影响的整治改造，谋划更丰富多元的景区产业功能与改造的组织模式。鼓架村的改造中，政府的角色更像是“平台媒介”，由政府整体出资功能置换，提前搭建企业经营平台，企业全生命周期跟进，从前期策划、规划编制到实施建设、产业导入、经营管理，以此确保建设项目整体品质，以产业为引爆点，强化景中村社会经济可持续发展。

3. 景中村建设成果：从一方享有到多方共赢

景中村改造应以“景村交融，和谐共生”为核心理念，在保护中发展，在发展中保护，寻求风景名胜区发展与居民经济社会和谐共生的道路，使景中村原有居民既能享受到景区发展带来的生态成果，也能享受到优质风景旅游资源带来的经济社会红利。

过去的景区发展以旅游经济为导向，注重游客视角的旅游自然生态环境营造，忽视了原有居民享有东湖生态资源环境的权利，如今多种方式并举的景中村改造措施，既实现了生态旅游的发展，也保留了原住居民共享生态发展成果的权利。

此外，有别于以往景中村一次性拆迁安置费补偿，如今依托景区旅游发展所创造的就业机会，居民可直接或间接参与旅游服务，通过生产获得直接劳动性收入，或通过入股村集体经济组织获得间接资产性收入，从而实现收益的可持续发展，使村民在家门口就业，实现经济社会成果的多方共享。

4. 景中村社区服务配套：从局部保障到全面提升

（1）局部保障

早在20世纪50年代初期，东湖沿岸就陆续开始了学校、医院、博物馆、研究院等的建设，磨山小学、东湖医院、湖北省博物馆、武汉植物所（现中国科学院武汉植物研究所）等皆为这一阶段建成，政府主导建设的各类配套设施形成了东湖风景区最早期的公益服务型设施。

“大跃进”“文化大革命”时期，受时代背景影响，东湖风景区在城市发展中的定位为“其建设要为城市、为生产、为革命服务”，1966～1977年的十年中，伴随着企事业单位对土地的分割，沿湖陆续建设了这些单位的附属医院、学校，城市开放性公共资源逐步转变为服务于部分群体。

20世纪80年代后，东湖风景区设施建设逐步恢复，步入正轨，但这一时期公共服务设施的规划建设尚未形成体系性规划思维，各项设施之间缺乏统一规划。直至2011年版《东湖风景区总

规》，仍旧缺乏面向景区内居民的公益服务性设施的体系性专项规划，景中村配套生活服务设施和市政基础设施仍然不足。

（2）全面提升

随着城市的不断发展，风景区沿岸用地逐步腾退，原传染病医院和工厂、部队、单位的内部医院、学校等服务设施或一并腾退，或转变为面向公众开放的普惠性服务设施。当下，风景区配套服务设施日趋完善，东湖公共卫生综合服务中心（图8-12）、青王路消防站（图8-13）等公益服务设施的补充，将进一步丰富社区级设施配套，提高风景区居民日常生活的便利性。

图 8-12　东湖公共卫生综合服务中心效果图
图片来源：武汉市规划研究院《武汉东湖生态旅游风景区公共卫生综合服务中心选址规划论证》

图 8-13　青王路消防站效果图
图片来源：武汉市规划研究院《东湖生态旅游风景区青王路消防站选址规划论证》

8-12

8-13

时至今日，东湖风景区已形成多元市场主体参与民生保障设施建设的新局面，服务类型也更加多元。马鞍山苗圃社区活动中心由管委会出资建设，企业投资经营，村集体收房租，由老年活动中心、马术俱乐部、幼儿园三部分组成（图8-14～图8-16）。其中，老年活动中心服务于苗圃四个自然村70岁以上的老年群体，提供免费午餐及各类活动设施如电视、阅览室、活动室等。其他部分物业以年租金出租给马术俱乐部及幼儿园，其中马术俱乐部实行会员制，招生仅面向未成年人群体，幼儿园为武汉第一个森林幼儿园，学校有亲子拓展基地、生态基地，拥有自己的果园、菜园、鱼塘，课程包含木工、马术、高尔夫、外语等，并且对外承接夏令营等拓展活动。市场机制引入公益服务型设施的建设，大大增加了公共产品的有效供给，提高了公共服务水平，使社会投资和政府投资相辅相成，在新时代民生建设中具有重要价值。

生态文明建设新背景下，国务院和湖北省人大常委会于2016年、2018年先后对《风景名胜区条例》《湖北省风景名胜区条例》进行了修订。随后，2018年武汉市第十四届人大常委会提出对2008年颁布的《武汉东湖风景名胜区条例》进行全面修订，并指出东湖风景区面临的基础设施配套不完善等景区发展实际问题及条例修改的必要性。新条例提出风景区应当加强景区公共服务设施的规划和建设，总体规划的编制应当体现人与自然和谐相处、区域协调发展和经济社会全面进步的要求，详细规划需统筹兼顾市民生活、文化娱乐、休闲健身等需求，风景区发展理念逐步从“景”“人”割裂到景区建设与改善民生融合共进[1]。

二、人民城市理念下城市型风景区民生保障的远景展望

2019年11月，习近平总书记在考察上海时提出“人民城市人民建，人民城市为人民”的重要论断。新时期、新理念下，民生保障建设更应聚焦人民群众的需求，创造高品质生活。景中村作为东湖风景区民生保障的关键环节，其改造发展和配套服务设施的补足对于提高人民的幸福感具有重要意义。

1. 更多元的建设模式和建设主体

东湖景中村以往的改造核心问题可归结为“景”与“村”的对立，早期的改造工作过于强调景中村“村”的属性，即农村居民点对风景区生态资源的侵占和影响，而忽视了景中村作为旅游景点或旅游服务点的可能性[2]。新时期、新理念下，重新定

2019年版《武汉东湖风景名胜区条例》第十二条：“风景区详细规划应当依据风景区总体规划编制，有效保护自然、人文景观和生态环境，统筹兼顾旅游发展、市民生活、文化娱乐、休闲健身等功能需求，合理确定建设项目的选址、布局和规模。风景区应当加强景区公共服务设施的规划和建设，统筹兼顾老年人、孕妇、儿童、残疾人等群体需求，提供便利的公共服务。”

余俊. 从割裂对立到融合共生——武汉东湖风景区景中村改造模式初探[M]//中国城市规划学会. 活力城乡 美好人居——2019中国城市规划年会论文集. 北京：中国建筑工业出版社，2019:78-86.

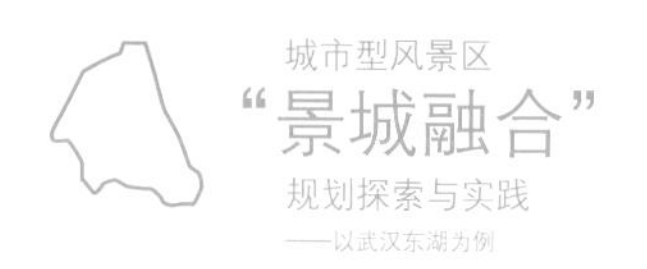

图 8-14　马鞍山苗圃老年活动中心
图 8-15　马术俱乐部
图 8-16　苗圃幼儿园

8-14

8-15

8-16

位景村关系、促进其融合共生成为景中村改造工作的重点，景中村改造由过去的重“开发建设”转向如今的重视“城市经营”，建设模式也日趋多元，既有整体腾退搬迁，也有就地整治微改造，因地制宜、多种方式并存共同推进景中村发展。

当下，景中村改造由“精英规划”向“合作型规划”趋势转型，应当走多方共建路线，注重发挥多元建设主体的能动作用，使自上而下与自下而上形成合力，共同参与村庄建设。采取“政府组织 — 企业经营 — 规划统筹 — 公众参与”的工作组织模式，由政府引导，提前搭建企业经营平台、相关利益群体的沟通平台，使企业和公众从早期谋划、规划编制到实施建设全过程参与，最大限度地激发多元主体的积极性。与此同时，要构建完善的政策机制，鼓励和引导村民建立集体资产管理公司，采取农户自筹、产权融资、社会资金参与等相结合的方式，自我筹资、自我建设、自我经营、自我管理，自主实现村湾改造工作[1]。

2. 更共享的配套服务设施

景区的网络构建中，景中村既是“村”，也是“景”，两者的协调与发展尤为重要。应将景中村内部无法承载的公共服务功能和居住功能等适度进行外迁，疏解风景区内部的建设压力，减小对风景区环境与生态的破坏，外迁功能由就近的城市区域接纳并进行功能的合理分配。外围城市提供更高容量的旅游接待能力的同时，可补足景中村配套公益型服务设施短板，实现设施的共享，以达到城市、风景区、村庄在经济、社会、生态方面的深度融合，形成生产生活生态空间相宜、自然经济社会人文相融的复合系统。

3. 更可持续的社区共建

通过有效的规划和管理策略，促进多方利益协调制衡。捋清风景区管委会、投资企业、社区、村民、商户等相关利益群体的诉求，统筹解决风景区生态环境保护、景区功能品质提升以及原有居民生产、生活空间保障等问题，并建立稳定有效的沟通机制，多方参与、共享共建的行动机制，构建稳定有序的社会结构和社会秩序，促进多元利益主体的制衡共荣。

通过社区再造策略化解矛盾，寻求各方共识。以“可持续发展观”“人本主义”为基本规划思想，充分考虑景中村内原有居民的物质精神需求，除强调村庄环境综合整治外，充分利用景区与周边区域协同合作所创造的就业机会，引导村集体发展旅游服务组织，提高村庄人口、护大就业容量，促进外出务工中青年本地就业，改善景中村老龄化、空巢化现象，维系邻里守望的村社功能。

① 吴凯，龚君卓．武汉市绿中村和景中村建设模式研究 [J]. 江苏城市规划，2020(4):19-22.

结语

城市型风景区是在特定历史条件下形成的空间场域，具有得天独厚的生态及人文禀赋。随着城镇化进程不断加快，城市型风景区势必会成为一种稀缺空间资源。而随着人们对城市环境品质的日益关注，城市型风景区也逐渐成为各大城市吸引外来人才的核心着力点之一。

武汉，是位于我国中部地区、以山水特色作为重要特征的城市，东湖作为武汉城市型风景区的代表，非常典型地体现了城市与景区的互动关系。自第一批被公布为国家重点风景名胜区以来，东湖风景区（后更名为东湖生态旅游风景区）一直是武汉城市发展中不可或缺的一个单元，四十年来通过地方立法、规划管控、交通组织、景区建设等多种措施，走过了从景观营造到立法保护、从单一要素建设到全要素保护、从区内保护到景城协调的发展历程。

本书主要立足规划经验集成、提炼总结的视角，通过梳理新中国成立前东湖片区的发展历程，新中国成立后1950年《东湖风景区分期建设草案纲要》，1995年版《东湖风景名胜区总体规划》、2011年版《东湖风景名胜区总体规划》等总体规划以及一系列详细规划和专项规划，从空间体系、风景资源、旅游产业、景观风貌、民生保障等方面梳理规划理念的演变历程，以及由此推动的建设成效的关联性总结，首次以“全流程+全要素”的模式构建起超大城市中的城市型风景区的保护与发展空间规划路径及实践体系。

同时，在多年东湖风景区规划研究过程中，还运用了诸多先进技术与理念，比如结合生态因子调查、量化生态研究等多种技术手段，运用InVEST模型等专业分析方法，研究确定东湖核心生态资源分布，精准识别重要生态功能区；通过收集社交网络和移动智能设备产生的位置信息数据，分析风景名胜区内游客及其好友在固定时间段内的活动、停留规律，进行聚类分析以识别核心景区。诸多跨学科技术及数据的纳入，为规划方案的编制搭建了多元数据驱动的综合性技术平台，有力地提升了规划编制效率与智慧化水平，提高规划决策的科学性。

经过多年来精心谋划与建设，东湖风景区的保护与利用取得了显著的成效，海内外知名度不断提升，但在风景区的严格管控方式方面仍存在一定的争议，比如建设项目审批周期长、应对市场需求方面弹性不足、工程建设与风景区保护的平衡与冲突等，成为近年来旅游需求激增背景下，公众及学术界热烈讨论的议题；与此同时，在构建新时期国土空间规划体系背景之下，风景区被纳入自然保护地体系，如何在保护生态的基础上持续探索生态产品价值转换机制、推动风景区高质量发展，成为未来风景区仍需持续探索的领域。“千淘万漉虽辛苦，吹尽狂沙始到金”，希望本书所集成的范式和经验能为未来城市型风景区规划工作提供相应的借鉴作用，同时也希望与广大城乡规划同仁一同继续为城市空间品质的不断提升贡献智慧与力量。

参考文献

[1] 严国泰 , 宋霖 . 风景名胜区发展 40 年再认识 [J]. 中国园林 , 2019, 35(3):31-35.

[2] 廖波 . 城市型风景名胜区可持续发展规划策略研究 [D]. 重庆：重庆大学，2012.

[3] 戴申卫 . 约塞米蒂国家公园 [J]. 地理教学，2017(2):2,65.

[4] 国家林业和草原局网站，自然保护地体系的重构与变革 .http://www.forestry.gov.cn/main/3957/content-1042853.html

[5] 高吉喜 , 徐梦佳 , 邹长新 . 中国自然保护地 70 年发展历程与成效 [J]. 中国环境管理，2019,11(4):25-29.

[6] 《中国大百科全书：建筑、园林、城市规划》[M]. 北京：中国大百科全书出版社，1988.

[7] 托亚 , 闫晓云 , 谢鹏 . 西方城市公园的发展历程及设计风格演变的研究 [J]. 内蒙古农业大学学报 (自然科学版)，2009,30(2):304-308.

[8] 贾建中 , 邓武功 . 城市风景区研究 (一)——发展历程与特点 [J]. 中国园林，2007(12):9-14.

[9] 朱江 , 邓武功 , 于涵，等 . 风景名胜区时空关系演变分析 [J]. 中国园林，2021,37(3):118-123.

[10] 宋超俊 . 城市型风景名胜区保护与利用规划研究 [D]. 北京：北京建筑大学，2015.

[11] 陈华开 . 海口大英山游憩商业区空间发展策略研究 [D]. 广州：华南理工大学，2017.

[12] 沈文祥 . 东湖风景区旅游空间结构研究 [D]. 武汉：湖北大学，2014.

[13] 黄贻芳 . 核心——边缘理论在构建武汉旅游圈中的运用 [J]. 边疆经济与文化，2009(8):17-18.

[14] 翁钢民 , 李建璞 , 杨秀平 , 等 . 近 20 年国内外旅游环境承载力研究动态 [J]. 地理与地理信息科学，2021,37(1):106-115.

[15] 何炼 . 基于利益相关者理论的旅游环境承载力研究 [D]. 武汉：中南民族大学，2015.

[16] 杨秀平 , 翁钢民 . 旅游环境承载力研究综述 [J]. 旅游学刊，2019,34(4):96-105.

[17] 姜文楠 . 景中村业态变迁及发展策略研究——以杭州西湖区梅家坞为例 [D]. 杭州：杭州师范大学，2020.

[18] 蒋小玉 . 基于分形理论的海南省旅游目的地系统空间结构优化研究 [D]. 海口：海南大学，2015.

[19] 朱青晓 . 旅游目的地系统空间结构模式探究 [J]. 地域研究与开发，2007(3):56-60.

[20] 路征 . 第六产业：日本实践及其借鉴意义 [J]. 现代日本经济，2016(4):16-25.

[21] 郑辽吉 , 郭屹岩 , 李钢 . 基于产业融合的体验空间营造——以鸭绿江风景名胜区为例 [J]. 资源开发与市场，2018,34(12):1761-1765.

[22] 杨效忠 , 陆林 . 旅游地生命周期研究的回顾和展望 [J]. 人文地理，2004(5):5-10.

[23] 牟婷婷 . 旅游地生命周期理论的评述及浅析 [J]. 技术与市场，2021,28(4):154-155.

[24] 唐钟毓 . 景城协调下的温州市仙岩风景名胜区总体规划研究 [D]. 杭州：浙江农林大学，2021.

[25] 张玉钧 , 曹韧 , 张英云 . 自然保护区生态旅游利益主体研究——以北京松山自然保护区为例 [J]. 中南林业科技大学学报 (社会科学版)，2012,6(3):6-11.

[26] 朱华 . 乡村旅游利益主体研究——以成都市三圣乡红砂村观光旅游为例 [J]. 旅游学刊，2006(5):22-27.

[27] WEAVER D,OPPERMANN M.Tourism Management[M].Milton:JohnWiley&Sons Australia, Ltd.2000:254-260, 279-281.

[28] 宋瑞 . 我国生态旅游利益相关者分析 [J]. 中国人口、资源与环境，2005,15（1）:36-41.

[29] 胡江川 . 利益相关者理论视角下的乡村旅游景区管理模式探析——以浙江仙居公盂岩为例 [J]. 现代商贸工业，2009,21(3):54-55.

[30] 熊光清 . 多中心协同治理何以重要——回归治理的本义 [J]. 党政研究，2018(5):11-18.

[31] 杨小俊 , 陈成文 , 陈建平 . 论市域社会治理现代化的资源整合能力——基于合作治理理论的分析视角 [J]. 城市发展研究，2020,27(6):98-103,112.

[32] 欧芳 . 景村一体化中利益冲突的合作治理研究——以袁家界景区为例 [D]. 吉首：吉首大学，2014.

[33] 夏悦 . 景城融合视角下的云南鸡足山城镇空间布局研究 [D]. 西安：西安建筑科技大学，2018.

[34] 廖波 . 城市型风景名胜区可持续发展规划策略研究——以长寿湖风景名胜区总体规划为例 [D]. 重庆：重庆大学，2012.

[35] 申玉铭 , 方创琳 . 区域 PRED 协调发展的有关理论问题 [J]. 地域研究与开发，1996(4):19-22.

[36] 李山 . 基于 PRED 协调的风景名胜区旅游设施建设初探——以风景名胜区索道建设为例 [J]. 人文地理，2002(5):7-11,40.

[37] 郭小仪 , 戴彦 . 公园城市背景下景城空间融合发展研究——以达州市犀牛山景城融合区为例 [J]. 城市住宅，2021,28(4):66-69.

[38] (明) 田汝成 . 西湖游览志 [M]. 杭州：浙江人民出版社，1980:1.

[39] 张亚琼 . 西湖变迁对现代风景园林建设的启示 [D]. 长沙：湖南农业大学，2017.

[40] 胡刚 . 城市风景湖泊空间形态研究 [D]. 南京：南京林业大学，2006.

[41] 高孙翔 , 姜丽波 . 高原湖泊建筑风貌控制方法研究——以抚仙湖为例 [J]. 基层建设 ,2016(29):35-40.

[42] 孙平．浙江省淳安县志编纂委员会．浙江省淳安县志［M］．上海：汉语大词典出版社，1990：16．

[43] 贾漫丽，白杨，杨建民，等．滨湖风景旅游小城镇景观风貌控制规划——以杭州千岛湖为例 [J]. 西北林学院学报，2009,24(4):201-204.

[44] 张勇，胡庆钢．千岛湖城市景观风貌控制概念规划探析 [J]. 规划师，2009,25(3):45-52.

[45] 汪瑾，李鑫．楠溪江"景中村"可持续发展策略初探 [M]// 中国城市规划学会．持续发展 理性规划——2017 中国城市规划年会论文集，北京：中国建筑工业出版社，2017:1367-1377.

[46] 程红波．系统治理、久久为功——杭州梅家坞村 20 年乡村建设实践 [J]. 中国园林，2020, 36(S2).

[47] 韩若楠，王凯平，张云路，等．改革开放以来城市绿色高质量发展之路——新时代公园城市理念的历史逻辑与发展路径 [J]. 城市发展研究，2021, 28(5):7.

[48] 程玉，杨勇，刘震，等．中国旅游业发展回顾与展望 [J]. 华东经济管理，2020, 34(3):9.

[49] 徐有钢．省级国土空间风貌规划方法的探索和思考——以宁夏特色风貌规划为例 [J]. 城市发展研究，2021, 28(5):9.

[50] 周琳，孙琦，于连莉，等．统一国土空间用途管制背景下的城市设计技术改革思考 [J]. 城市规划学刊，2021(3):8.

图书在版编目（CIP）数据

城市型风景区“景城融合”规划探索与实践：以武汉东湖为例 / 武汉市规划研究院等著. – 北京：中国建筑工业出版社，2022.12

ISBN 978-7-112-28002-5

Ⅰ. ①城… Ⅱ. ①武… Ⅲ. ①风景区规划 – 研究 – 武汉 Ⅳ. ①TU984.181

中国版本图书馆CIP数据核字(2022)第176625号

责任编辑：刘　丹
书籍设计：晓笛工作室 刘清霞
责任校对：董　楠

城市型风景区
“景城融合”
规划探索与实践
——以武汉东湖为例
武汉市规划研究院
游畅 刘菁 梁霄 张庆军　著
钟耀　程逸　傅红昊
*
中国建筑工业出版社出版、发行（北京海淀三里河路9号）
各地新华书店、建筑书店经销
北京新思维艺林设计中心制版
北京富诚彩色印刷有限公司印刷
*
开本：889毫米×1194毫米　1/16　印张：12 1/2　字数：213千字
2023年3月第一版　2023年3月第一次印刷
定价：168.00元
ISBN 978-7-112-28002-5
（40095）